北极
小百科

陈立奇　刘书燕　编著

Encyclopedia of
the Arctic

海洋出版社

2023年·北京

图书在版编目（CIP）数据

北极小百科/陈立奇,刘书燕编著. -- 2 版. -- 北京:海洋出版社,2020.12（2023.10重印）
ISBN 978-7-5210-0704-6

Ⅰ.①北… Ⅱ.①陈… ②刘… Ⅲ.①北极—科学考察—普及读物 Ⅳ.① N816.62-49

中国版本图书馆 CIP 数据核字 (2020) 第 263177 号

责任编辑：薛菲菲
责任印制：安　淼

海洋出版社　出版发行

http://www.oceanpress.com.cn

北京市海淀区大慧寺路 8 号　　邮编：100081

鸿博昊天科技有限公司印刷

2020 年 12 月第 2 版　　2023 年 10 月北京第 2 次印刷

开本：889mm×1194mm　　1/32　　印张：9.5

字数：153 千字　　定价：52.00 元

发行部：010-62100090　　总编室：010-62100034

海洋版图书印、装错误可随时退换

再版前言

时光荏苒，2006年出版的《北极小百科》，屈指一算已过去14年！自1999年中国首次北极科学考察以来，至今已连续开展了11次的考察，其成就包括获得了一系列新认识和新成果。希望能把这些新东西记录下来，用通俗一点的语言讲出来，因此就有了把《北极小百科》再版的想法。

北极发生了快速变化，这不是在危言耸听，而是实实在在地记录在中国20年来的考察记录中。

我国气候和环境变化也与北极快速变化有着紧密关联。北极地区也是我国气候和环境变化的生态屏障以及先知先觉的指示器。近年来，全球气候变暖加剧，北极冰雪融化也在加速。在经济全球化、区域一体化不断深入发展的背景下，北极在战略、经济、科研、环保、航道、资源等方面的价值不断提升，受到国际社会的普遍关注。北极问题已超出北极国家间问题和区域问题的范畴，涉及北极域外国家的利益和国际社会的整体利益，攸关人类生存与发展的共同命运，具有全球意义和国际影响。

2018年1月26日，中国国务院发表了《中国的北极政策》

白皮书，全面介绍了中国参与北极事务的政策目标、基本原则和主要政策主张，指出中国是地缘上的"近北极国家"和陆上最接近北极圈的国家之一，明确中国是北极事务重要利益攸关方。认识北极、保护北极和科学利用北极，维护各国和国际社会在北极的共同利益，推动北极的可持续发展，这是全体中国人向全世界做出的庄严承诺！

中国倡导构建人类命运共同体，是北极事务的积极参与者、建设者和贡献者，努力为北极发展贡献中国智慧和中国力量。因此21世纪中国的北极考察，同样是中华民族面临着的机遇和挑战！

北极在快速变化，人们除了对北极将走向何方和将对人类生存环境产生的影响关心外，也对北极的过去进行探索和研究，例如，过去的北极是什么样的？古北极是如何演化的？北极的古文明和史前史是什么样的？原住民是怎么来的？原住民如何适应生存环境以及面临怎样的挑战？

为此，在本书再版中，较大篇幅增加了古北极变迁、北极史前史、北极探险史和科学考察活动等内容，增添了近年来对北极取得的新认知、假设和猜想，把对北冰洋放大作用及其对我国气候和环境反馈作用等知识给予补强。

全书采用彩色图片，以求内容与形式更加丰富多彩，使得北极地区从地理、演变、景观到人文、科学猜想和认知等都变得更立体丰满，以飨读者。本书在编写期间，郝晓光、陈丹红、白山杉、王海青、刘小汉、祁第、张正旺、沈辉、仝开健、夏立民等和视觉中国为本书提供了资料和珍贵的照片，蒋孟珍对本书进行了文字校正等，谨此表示衷心的谢意。同时也感谢国家自然科学基金和国家极地考察专项等的科普出版资助和支持！

作者

2020年9月30日

原版前言

寒风吹皱着一望无际的雪原，坚冰覆盖着蜿蜒曲折的海岸，冰间湖泊出没着嬉戏喧闹的北极熊、海豹、海象、海鸟，洁白鹅卵石缝里长着随风摇曳的太阳花……这就是繁衍生息了因纽特人的故乡，这就是每个走过北极的人的感觉。奇妙的大地，变幻的天空，沉静的海水，无极的生命……正等待着人们去撩开她那神秘的面纱……

耳边时常响起儿时歌声"抬头望见北斗星，心中有了指路灯"。北斗星座，形状像中文"斗"字，而西方人称为大熊星座，认为其形状更像一只熊，翘着尾巴，雄踞北方。古希腊神话和中国古代传说都赋予了许多更加奇妙的故事。因此，那是一片神秘的、令天下无数英雄豪杰向往的地方。

从古至今，我们的祖先不断地给我们讲述着那里的故事。20世纪开元，当人类向北极点和南极点发起冲击的时候，我们新闻同行就实时报道了进展。20世纪50年代，当国际上开展对南北极考察的国际地球物理年时，我国著名的气象学家、地理学家竺可桢院士指出：中国是一个大国，要研究极地。地球是一个整体，中国的自然环境的形成和演化是地球环境的一部分，极地的存在和演化与中国有密切关系。这些都激励着一批又一批有志之士走向北极。

最近，中国人表现出对北极考察的极大热情和关注。其原因可能是，一方面，我们听到了越来越多关于北极地区正在发生着"快速变化"的报道，表现特征为，工业化以来，北极地区表面温度平均升高是全球平均升高的2倍，有些地区升高了2℃。由此，引起了北冰洋海冰面积持续退缩，在过去的30年中每10年减少了5%～9%。海冰越来越薄，有些地方从原来的5米厚变为3米。全球气候模式预测，到21世纪末，夏季的北冰洋可能再也见不到海冰。另一方面，中国居民也越来越感受到来自北极寒潮的威胁，一到冬季，寒潮发生越来越频繁，影响范围也越来越广。最近一些科学报道表明，北极海冰的变化还会影响着长江下游地区的降水和东亚季风。

北极系统变化越来越明显，也变得更加脆弱和更加不可知。那么，北极发生着的快速变化到底对我们居住的星球会产生什么样影响？要回答这个问题，人类就必须弄清楚北极的过去、知道北极的现在和了解北极的未来。

1996年，中国成了国际北极科学委员会的一员。1999年中国开始了首次北极科学考察，2003年又进行了第二次北极科学考察，2004年在北纬78°55′的斯瓦尔巴群岛上建立了"中国北极黄河站"，为人类了解北极做出了自己的贡献。

目前，在国际科联的组织下，国际上正在筹划开展第四次国际极地年（IPY）活动，将在2007—2008年开展大规模的北极科学考察活动，建立北极科学观测系统，完善北极科学数据库，同时对年轻一代开展广泛的科普教育活动。

凡此种种，正是我们萌生编写这本小册子的原因。《北极小百科》是《南极小百科》的姐妹篇，它与《南极小百科》一样，通过对北极的自然、地理、历史、科技和人文的深入浅出的诠释，揭示它变化性的自然和人为因素，力图使人们理解它的过去、现在和可能发生的未来。本书的出版也是我们对新一轮的国际极地年和极地科学普及活动做出的一点贡献。

因水平有限，在编写过程中，尚有不足之处，恳望广大读者批评指正。

感谢国家海洋局极地考察办公室、中国极地研究中心和国家海洋局海洋—大气化学与全球变化重点实验室的支持。

在编写期间，得到了曲探宙、魏文良、陈丹红、刘小汉、赵越、杨惠根、陆龙骅、高众勇等的帮助，并为本书提供了珍贵的照片，谨此表示衷心的谢意。

作者

2005年12月26日

目录

MU LU

目录

MU LU

目录

MU LU

目录

MU LU

北极的位置

　　北极，英语是Arctic，源自希腊语（Arctos），意思是熊。北极也是指人们看到的大熊星座下面的地区。北极的中文含义是地球的最北端，泛指北极地区（the Arctic），包括北极点、北冰洋、北极圈以及环北冰洋的广袤冻土带。

　　北极点，即地球的自转轴和地球表面两个交点中的北面的那个点。北极圈，即北纬66°33′的点连成的圈。一年中这个地区至少有一天太阳不落下去，或者说有一天太阳不从地平线升上来。这种无落日或无日出的持续时间随着纬度增高而延长，在北极点大约有半年太阳不会升起，或者说是半年太阳不会下落，这是因为地球的自转轴相对太阳有23.5°的倾角的缘故。

　　北极圈和南极圈有很大的不同，南极圈的中心是南极大陆的大片陆地，北极圈的中心是北极海的中心海

北极小百科

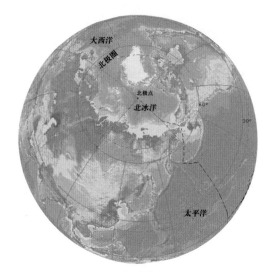

大西洋

北极圈

北极点

北冰洋

60°

30°

太平洋

北极的位置

域。北极海被欧亚大陆和北美大陆所包围，因几乎长年被冰覆盖，所以也称为北冰洋。

北极地区从里向外是由北冰洋、边缘陆地海岸带及岛屿、北极苔原、泰加林带组成。宽阔的浅水边缘海形成了世界最大的陆架区。最大的岛是格陵兰岛。最大的群岛是加拿大的北极群岛。

在地球的南端是陆地，而在北端是海洋，其非对称性是很明显的，但北冰洋和南极大陆的面积却大致相等，各自约1400万平方千米。其原因何在？是否是偶然？现在仍存在种种猜测。

北极地区

　　北极地区通常是指北极圈以北的广大地区，面积约2200万平方千米，包括北冰洋、诸多岛屿、欧亚大陆与北美大陆北部的苔原带以及部分泰加林带，其中陆地部分约占800万平方千米。

　　关于北极地区的界定，有些科学家从物候学的角度出发，以7月份平均10℃的等温线（海洋以5℃等温线）作为北极地区的南界，北极地区的总面积就扩大为2700万平方千米，其中陆地面积约1300万平方千米。有些科学家以植物种类的分布来界定北极地区，把全部泰加林带归入北极范围，那么北极地区的面积就超过4000万平方千米。不过人们一般习惯从地理学角度，将北极圈作为北极地区的界限。

　　在这里，极目所及尽是地衣、草类和被冰雪覆盖的岩石；而穿越植物稀少的苔原带后，即是荒寂的冰野。这片由苔原和冰雪所构成的北极地区，面积为欧洲大陆的2.5倍。

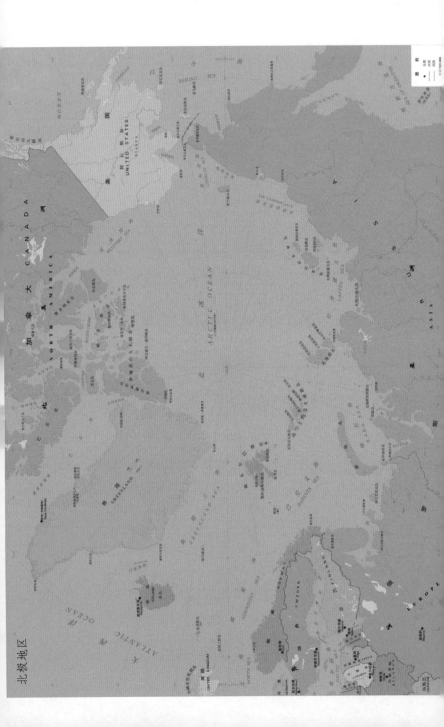

北极和南极

　　一谈到北极，自然会联系到南极，就会比较它们的相似处和差异点。

　　在地球仪上，北极在上，南极在下。实际上，地球在宇宙空间是没有上下之分的。为了便于理解，我们按地球仪那样把北极作为上，南极作为下。在地球的顶端有称为北冰洋下凹的部分，下端有称为南极上凸的部分，这是由于地球顶部是大洋，底部是大陆。

　　南极和北极虽然因为独有的自然环境和地理位置不同而表现出很大的差异，但有趣的是，它们的一些物理性状却十分相似。

　　地球的顶部是陆地包围的大洋，底部是大洋环绕的大陆。北冰洋的面积和南极洲的面积大体相等，各自约1400万平方千米。更具体地说，北冰洋的各个地理单元甚至可以与南极的地理单元一一对应，如中央北冰洋各深海盆地对应东南极大陆的各冰下隆起高地；格陵兰海对应西南极的南极半岛；格陵兰岛北部对应威德尔海；北地群岛、法兰士约瑟夫地群岛对应罗斯海和玛里伯德地冰下海槽；北冰洋最深处——欧亚海盆（斯瓦尔巴群岛以北），深度为5449米，恰好对应南极埃尔斯沃思山脉的文森峰，该山峰的海拔5140米。如果把南极大陆和盘托起，放到北冰洋中，那将是不大不小，刚好合适。

北极圈内居住着北美和格陵兰的因纽特、西伯利亚的雅库特、北欧的拉普等民族，这些民族以打猎为生。在北极圈内，他们捕猎的对象是海豹、驯鹿、鲸等。驯鹿是陆地生活的草食动物，食取草木生存。北极圈的植物繁茂，2000年前就有人类在这里活动。

南极圈内没有土著居民，除了少数的海鸟外，没有土生土长的陆上动物，植物也只生长着低等的地衣和苔藓类，南极圈的自然条件远比北极圈严酷，几乎不适宜生物生存，只是在南极大陆周围生存着以海洋为生的海豹和企鹅等。

南极企鹅和北极熊

北极的三个极

北极地区有三个"极"：北极点、北磁极和北磁轴极。

北极点是地球地理学上的极，即地球自转轴穿过地心与地球表面相交，并指向北极星附近的交点。

北磁极是地磁的北极，磁针向北指的位置。北磁极以椭圆形的方式在移动，自1831年以来，它已向东北方向移动了50千米，1965年位于北纬73°，西经100°处。最新的卫星数据显示，北磁极正以过去400年来最快的速度在移动，例如，北磁极2001年在加拿大北部埃尔斯米尔岛附近，2005年位于加拿大北方的北冰洋上，2009年向北移动，而2016年向俄罗斯方向移动。

第三个极是北磁轴极。假定地球球中心有一根大磁棒，然后测出地球各地的磁力强度，测出的磁力强度与地球总的磁力分布最一致的模型极的位置，即模型磁棒

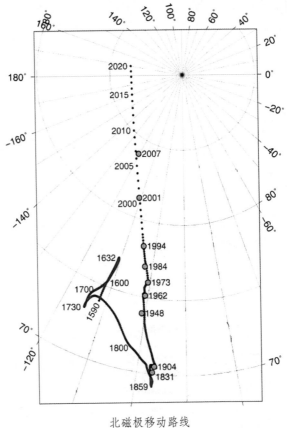

北磁极移动路线

北极的位置是北磁轴极，北磁轴极的位置是北纬78°，西经73°。

南极有难以到达极，它的海拔在4000米以上，是地球上自然环境最严酷的地区。

北极有难以到达海区，它是指北极中心区、波弗特海和楚科奇海的北部海区。

极夜和极昼

夜间阳光普照称为极昼，白天太阳不升起来称为极夜，这对于居住在高纬度的人们是很自然的事，但对于中纬度的人们来说是一个不可思议的事情。为什么会发生这样的现象呢？

地球围绕着太阳在一个椭圆形的轨道上一年旋转一周，这个轨道被称为黄道。在黄道中最接近太阳的那个点叫近日点，离太阳最远的点叫远日点。每年，地球在1月3日左右通过近日点时，北半球为冬季，7月6日左右通过远日点时，北半球为夏季。

地球倾斜黄道面23.5°。因这个倾斜，通过近日点时太阳对着南极侧约6个月，通过远日点时太阳对着北极侧约6个月。在北半球秋分时，南极点处太阳升起，到春分也不降落。秋分这天太阳在地平线附近转动，冬至时，在与地平线呈23.5°的角度上旋转，接近春分又回到地平线附近。所以，在北极点一年有一次日出和日落，也就是一年365天，约186天是白天，179天是黑夜。

极夜和极昼现象是由于地球对黄道面倾斜23.5°产生的。在北半球的夏季，太阳到北纬23.5°的北回归线的正上方，比冬季最大的47°还大的角度，也就是在正上方，日辐射量大，天气变热。尽管冬天太阳的距离比夏季近3%，但因太阳的高度低，日辐射量少而寒冷。

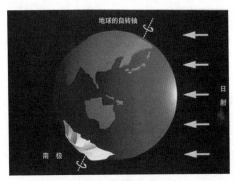

太阳照射下的北极

若没有23.5°的角，夏季和冬季寒冷的程度是怎样的呢？产生寒冷差的原因只是太阳和地球间的椭圆轨道的距离差，就没有季节感了。

在地球上，极夜和极昼的地区是纬度高于66°33′的地区。一般我们所说的北极圈和南极圈，分别指北纬66°33′以北和南纬66°33′以南。

北极比南极暖和

20世纪50年代，在西伯利亚的维尔霍扬斯克测到的-66℃，被认为是地球表面的最低气温，是地球的寒极，之后又测到-70℃的温度。

自1957年国际地球物理年起，开始在南极建设内陆观测站并进行越冬观测。地球上的最低温度也不断被刷新，1960年8月24日，苏联在南极东方站记录到-88.3℃，1983年7月21日在该站又测到了-89.2℃的最低气温。有人认为，南极的冰穹A

北极与南极的差别

（Dome A）可能是地球表面可测出最低温度的地方。

根据不间断的监测，现已得出北极比南极平均气温高20℃的结论。同样是地球的极，为什么北极比南极暖和呢？

地球通过公转轨道的远日点（北极的夏季）和通过近日点（南极的夏季）相比，估计向北极辐射的能量强度比向南极的强度小7%，但因地球通过远日点比通过近日点慢，北极的夏季比南极长7～8天，所以两极接受的能量大体相等。

南极大陆表面的冰盖将夏季接受的日辐射几乎全部反射掉，而北冰洋海冰表面的反射比例小，依靠辐射能使地面温度升高。此外，南极平均海拔为2300多米，这也是造成南极比北极寒冷的重要原因之一。

北冰洋

北冰洋，英文名为Arctic Ocean，意思是"正对着大熊星座的海洋"。1845年，伦敦地理学会把欧亚大陆、北美大陆环抱的这个洋正式命名为"北冰洋"。

北冰洋占北极地区面积的60%以上，是北极系统的主体。北冰洋大致呈圆形盆地，包围北冰洋的周边大陆几乎是封闭的，它通过白令海峡和太平洋连接，由格陵兰海与大西洋连接。

按自然地理特点，北冰洋可分为北极海域和北欧海域。格陵兰海、挪威海、巴伦支海和白海属于北欧海域，其余的为北极海域。北极海域是北冰洋的主体部分，包括喀拉海、拉普捷夫海、东西伯利亚海、楚科奇海、波弗特海及加拿大北极群岛各海峡。北冰洋海岸线长约4.5万千米，是世界上平均深度最小的海洋。

北冰洋大部分海域被平均3米厚的冰层所覆盖，但由

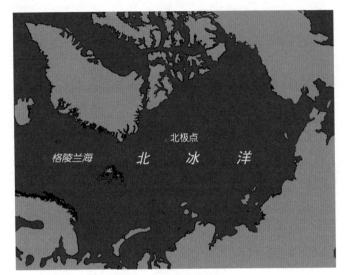

北极点

格陵兰海　北　冰　洋

北冰洋位置示意

于洋流的运动，北冰洋表面的海冰总在不停地漂移、裂解和融化。北冰洋大部分洋区，尤其是北纬70°以北的洋区，存在永久性的海冰。

北冰洋的冬季海冰面积大，占整个北冰洋的73%左右，海冰总面积为1000万～1100万平方千米，夏季减少为750万～800万平方千米，占整个北冰洋的53%左右。北纬60°～75°的海区，海冰出现是季节性的，常有一年的周期。边缘海区随着气象条件的变化而变动，通常能变动几百千米。在风和海流的作用下，浮冰可叠积形成浮冰山。在北冰洋的亚洲、欧洲沿岸各边缘海除了挪威海和巴伦支海的西南部因受大西洋暖流的影响，冬季一般不结冰外，其他海区大都形成0.5～1.8米厚的岸冰和当年冰，到夏季大部分融化。北冰洋中部和距北美大陆不远的洋面，即使夏季仍然覆盖着厚厚的冰层，这个地区被称为永久冰区。由于风、洋流和冰层的相互作用，永久冰区并非冰原，而是由浮冰、压力冰脊、冰山等组成。

北冰洋中的冰山是从陆缘冰架或大陆冰盖崩落下来的直径大于5米的冰体。冰山的厚度可达200～300米，平均寿命可达4年之久，在北冰洋也能看到长达数十千米的特大冰山。

北冰洋洋面

北冰洋的四季

北冰洋的冬季从11月起直到次年的4月，长达6个月。5月、6月和9月、10月分别属春季和秋季。夏季仅有7月和8月两个月。1月的平均气温是-20～-40℃。最暖的8月的平均气温也只达到-8℃。在北冰洋极点附近测得的最低气温是-59℃。北极地区最冷的地方并不在中央北冰洋，在西伯利亚维尔霍扬斯克曾记录到-70℃的最低气温。

越接近极点，极地气象和气候特征越明显。即使在夏季，太阳也只是远远地挂在南方的地平线上，太阳升起的高度角不会超过23.5°。几个月之后，太阳运行的轨迹渐渐地向地平线接近，于是开始了北极的黄昏季节。这里的整个秋季就是一个黄昏，随之而来的将是漫漫的长夜。极夜又冷又寂寞，漆黑的夜空可持续五六个月之久。直到来年三四月份，地平线上才又渐渐露出微光，太阳慢慢地沿着近乎水平的轨迹露出自己的脸，北极新一年的黎明又开始了。

就整体而言，北极地区的风速远不及南极，即使在冬季，北冰洋沿岸的平均风速也只达到10米/秒。由于格陵兰岛、北美大陆及欧亚大陆北部冬季的冷高压，北冰洋海域时常出现强烈的暴风雪。北极地区的降水量普遍比南极内陆高得多，一般年降水量在100～200毫米。

阳光洒满冰面的北冰洋夏天

北冰洋是最寒冷的大洋

北冰洋是四大洋中最寒冷的大洋。由于北冰洋地处高纬度，导致一年中存在漫长的极昼和极夜，太阳的平均高度低，单位面积的日照和辐射量小。极点的年平均日照量只有赤道地区的一半。这是北冰洋寒冷的第一个原因。

北冰洋为海冰所覆盖，闪耀得令人无法睁开眼睛的冰雪具有非常高的反射率，来自太阳的能量相当大的一部分被反射掉，剩下能使海冰融化的能量不足30%。这是北冰洋寒冷的第二个原因。

第三个原因是，北冰洋寒冷也受大气环流的影响。在冬季，北冰洋的上空有高气压形成。夏季和秋季，气旋活动十分频繁。因此，北冰洋中部上空高气压的季节变化非常明显。北欧海域由于受北大西洋气旋的影响，会出现多云、雾和风暴的天气。

北极点的年平均气温在-23℃左右，北极点冬季的平均气温为-34℃。

但是，近年来，由于北冰洋夏季的海冰快速融化并向北退却，出现了大范围无冰覆盖的开阔水域，显著地吸收了较多的太阳辐射能储存在大量海水中，潜热使得海水变暖。

北冰洋冰山

地球超大陆与劳亚古陆

　　浩渺宇宙、奇妙太阳和神奇地球的起源存在着许多假说，目前被大家所接受的起源学说是宇宙于150亿年前形成于大爆炸起源学说，太阳系于50亿年前由原始星云自转和收缩形成星云盘的新星云学说，地球于46亿年前由星云盘内的尘埃碰撞吸积而成的原始太阳星云学说。

　　关于地球的演化，目前探究可能存在过4个超大陆，从老到新依次为基诺兰（Kenorland）、哥伦比亚（Columbia）、罗迪尼亚（Rodinia）和联合大陆（Pangaea）。

　　基诺兰超大陆是26亿～24亿年前，在新太古代末期存在的一个超大陆，一般认为它由北美劳伦、欧洲波罗的、澳大利亚和南部非洲的卡拉哈里等克拉通组成。克拉通一词源于希腊语Kpátos，意为强度，是地盾和地台的统称。

　　哥伦比亚超大陆是19亿～18.9亿年前形成的，是基

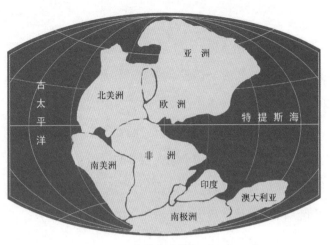

联合大陆

诺兰超大陆解体后再次重组形成的超大陆，其存在的关键性证据来自印度东部和北美哥伦比亚地区。

罗迪尼亚超大陆是11亿～7.5亿年前，由哥伦比亚超大陆解体后，于中元古代末期至新元古代早期形成的超级大陆。由于格林威尔及与其时代相近的造山作用，使中元古时期若干分离的大陆块逐步汇聚成超大陆。

联合大陆，也称盘古大陆，是3亿～2亿年前形成的，是地史中最年轻的超大陆，于1912年在魏格纳的"大陆漂移说"中提出。

每一个超大陆仅存在相对短暂的地质历史时期，而它们的破裂、解体和重组则占据了相当长的历史。

罗迪尼亚超大陆约从8亿年前开始发生破裂，离散的澳大利亚、印度、南极、刚果、南美等陆块通过距今6亿～5亿年的泛非造山运动，造成莫桑比克洋封闭，从而形成南半球的冈瓦纳陆块群。而处于北半球的陆块如劳伦和波罗的陆块，由于原大西洋的封闭，通过早古时代加里东运动而联合，之后西伯利亚陆块的加入，构成了北大陆的主体，称为劳亚古陆。冈瓦纳大陆和劳亚古陆在古生代末期聚合形成联合大陆。

劳亚古陆

北极陆块来自劳亚古陆

"劳亚"之名是德国学者 J.R.施陶布于1928年首先提出的，取自劳伦大陆和亚洲大陆中的第一个字，系指加拿大地盾及其周围地区的古地理名称"劳伦提亚"（Laurentia）与欧亚大陆（Eurasia）的合称。

北极陆块是劳亚古陆的一部分。在欧亚大陆北部存在辽阔的大陆架，大陆架底部主要由稳定的前寒武纪板块构成，这些板块在不同地质时期脱离了北美板块。到中生代（2.25亿～0.65亿年前），北极地区以海相沉积为主，形成巨厚的、富含有机质的页岩和富含有机质的泥岩，尤其在三叠纪和晚侏罗纪，该地区普遍存在此类沉积。不过，到白垩纪，仅在北美洲的北极区域分布有这种富含有机质的泥岩，它们是中生代海洋环境下经过多次沉积作用而形成的。现今的北冰洋中存在一系列的沉积盆地是在晚古生代—早中生代形成，并一直存留至

劳亚古陆与冈瓦纳古陆

今，其中，许多盆地蕴藏着丰富的油气，一些盆地有待进一步勘探。

从侏罗纪初期，大西洋再度开裂，直至第三纪时基本上形成了当今的北大西洋、北美大陆和欧洲大陆。格陵兰岛也逐渐远离欧洲大陆。

大约在1亿年前，由于北极板块发生位移，北美板块在白垩纪中期与亚洲东北部的嵌镶式断块相连接，才形成了美亚海盆。随着北极板块漂移的结束，欧亚大陆北部边缘的主要结构最终形成。

北冰洋的加拿大海盆是在0.8亿年前的白垩纪末期由于板块扩张而形成的，而北冰洋的主体欧亚海盆是在0.53亿年前形成的。

大约在0.6亿年前，罗蒙诺索夫海岭脱离欧亚板块大陆架边缘，沿着巨大的转换断层，形成了加克利扩张脊并构成了大西洋中脊的北延部分。大洋盆沿着洋中脊谷地以每年0.5～1.5厘米的速率缓慢扩张，整个新生代的这种扩张一直持续不断，而这种扩张导致斯瓦尔巴板块和喀拉板块明显脱离格陵兰。

北极地区冰盖的出现比南极晚得多，在不久前的地质时期，冰川曾覆盖了北极水域附近辽阔的大陆地区。北极地区在第四纪气候历史中，不仅交替出现过漫长的冰期和间冰期，也出现过短期而剧烈的气候变化。

冰河与北极

在地质史上，地球曾历经四次温度持续下降的时期，地理学家将之称为"冰河期"，其中前寒武纪与古生代的冰河期持续了几千万年，新生代的冰河期则持续了两百万年。

冰河期的发生至今仍是自然科学的一个谜。部分学者认为，可能和地球自转时地轴周期性倾斜角度的改变，导致阳光照射量减少，从而引起地球变冷有关。

大约是人类刚出现的两百万年前，地质史上第三次冰河期和第四纪冰河期同时揭开序幕，全球各地气温开始下降，北半球中纬度地区的欧洲、北美洲和格陵兰都被北极一路延伸过来的大冰盖所覆盖。在此期间，欧洲共发生了五次冰河期，北美洲及中国大陆则发生了四次冰河期。

南北两极气温升高，导致两极冰盖融化，而冰融化时吸收热量，会使全球气温失衡，引起温度下降。这种升温、降温的自然调节过程，也使得地球冰河发生冰期和间冰期变化，才有了白令陆桥，成为连接欧亚大陆和北美洲的通道，海平面下降促使古人类在白令陆桥上停留了上万年，这大大促进了北极原住民的繁衍生息和练就了适应极端环境生存的能力。

北极冰河

北冰洋海底地形

　　中央北冰洋的表面被一望无际的永久性海冰覆盖，它的形状大体上是一个椭圆形深海盆地，长轴沿东经15°—西经165°展布。北冰洋深海区被三条海岭（又称海脊）分为两大部分：靠近欧亚大陆一侧的为欧亚海盆，深度一般为4000米，最大深度为5499米，位于斯瓦尔巴群岛以北，是北冰洋的最深处；靠近北美洲一侧的为加拿大海盆，罗蒙诺索夫海岭和阿尔法海岭之间的海盆为马卡洛夫海盆。

　　中央北冰洋的海底地形可以概括为一系列平行于长轴方向的海岭与海盆，其中主要的海岭有三条：罗蒙诺索夫海岭、阿尔法海岭和北冰洋洋中脊（南森海岭）。罗蒙诺索夫海岭从新西伯利亚群岛经北极点延伸至加拿大北部海域，岭脊距海面1000～2000米。阿尔法海岭从亚洲一侧弗兰格尔岛起，经北极点西侧延伸至埃尔斯米尔岛附近，与罗蒙诺索夫海岭汇合。南森海岭从勒拿河口一带向北延伸，经北极点东侧后，与经冰岛来的大西洋洋中脊连接，南森海岭长约2000千米，宽200千米，是全球活动大洋中脊体系的一部分。但罗蒙诺索夫海岭和阿尔法海岭不具备现代洋中脊的特征。实际上，罗蒙诺索夫海岭属于古老欧亚大陆边缘的一部分。大约5300万年前，由于北冰洋洋中脊开始扩张，形成宽阔的欧亚海盆，从大陆边缘分离出一个长条形陆地，就是现在的罗蒙诺索夫海岭。阿尔法海岭则是古老的大洋中脊的遗迹。

此外，北冰洋大陆边缘还被许多海底峡谷所分割，其中最大的是斯瓦大亚·安娜峡谷，位于喀拉海北部，长达500多千米。

北冰洋深海

罗蒙诺索夫海岭

罗蒙诺索夫海岭是北冰洋中部深水海岭。起自新西伯利亚群岛北端，沿东经140°线，横跨中心北冰洋1800千米，到加拿大北极群岛埃尔斯米尔岛东北侧。罗蒙诺索夫海岭宽60～200千米，高3300～3700米，距离海脊的海水最小深度954米。海岭十分陡峭，由峡谷所分割，覆盖着厚厚的泥沙层。

罗蒙诺索夫海岭由苏联探险队于1948年发现，并以俄罗斯的科学之父罗蒙诺索夫名字命名。

人类进入21世纪后，一项策划多年的旨在研究北冰洋地质历史的科学计划，就在罗蒙诺索夫海岭上面开始。作为国际综合大洋钻探计划（IODP）的序幕，2004年8月由德国和瑞典牵头执行的北极钻探计划（ACEX），由3艘破冰船开往离北极点250千米的北纬88°地点，对北冰洋的沉积物进行钻探，通过6周的努力，获取了340米长的岩心。这个来自罗蒙诺索夫海岭的沉积物岩心，蕴

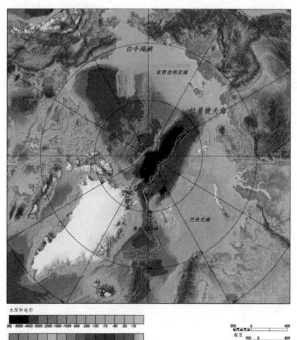

罗蒙诺索夫海岭

白令海峡

东西伯利亚海

拉普捷夫海

巴伦支海

格陵兰岛

水深和地形

(M) -5000 -4000 -3000 -2000 -1500 -1000 -500 -250 -100 -75 -50 -25 -10

0 25 50 75 100 200 300 500 600 700 800 900 1000 1500

200 0 400
海里
0 600
千米

罗蒙诺索夫海脊

藏着过去数千万年来十分丰富的地球气候和环境变化的
信息。岩心的上部160米处代表过去1500万年来，一直由
冰雪所覆盖的北极状况；中间一段年龄达4900万年的岩
心，发现含有丰富的蕨类植物残余，表明这段时期北极
地区主要以湖相沉积为主；最后一段岩心的年龄达5500
万年，这个时期是全球异常变暖时期。在这段被称为
"地球最温暖"的时期，北极地区正处于亚热带，表层
海水温度高达20℃。北极钻探计划的开展揭开了北极考
察和研究史上的新篇章。

北冰洋环流

　　北冰洋存在三个大环流系统。第一个流系从东西伯利亚海和拉普捷夫海向西朝格陵兰岛方向漂流。漂流的过程中，有两个分支从主流方向分离出来，一个主要限于拉普捷夫海，另一个则过法兰士约瑟夫地群岛，漂向新地岛北部。第二个流系在波弗特海内，按顺时针方向运动，在波弗特海内形成一个停滞区。由于它被限制在一个封闭型区域内，既不向太平洋方向流动，也不向大西洋方向流动，因此，该流系中的浮冰比其他海区的浮冰厚。第三个流系源于东西伯利亚海和楚科奇海，直接向北极方向漂流，达到北极点后，朝格陵兰岛方向流动，在那里与第一个流系汇合。

　　北冰洋和外界的海水交换，主要在格陵兰岛和斯瓦尔巴群岛之间的通道进行。大西洋海水从该通道东部的深层流入北冰洋，估计占全洋区流入总量的78%，而通过白令海峡进入北冰洋的水量占流入总量的23%，然而近十多年的浮标观测发现，经白令海的太平洋入流水量增加了50%。北冰洋海水从格陵兰岛和斯瓦尔巴群岛之间的通道在表层流出，约占总流出水量的83%，而通过加拿大北极群岛间海峡流出的水量，约占总流出水量的17%。

挪威附近的北冰洋上流动的融冰水

环绕北冰洋的陆地

北冰洋周边陆地可以分为两大部分：一部分是欧亚大陆，另一部分是北美大陆和格陵兰岛。两部分分别被白令海峡和格陵兰海分隔。这两部分陆地有很多相似之处，它们都是由非常古老的大陆性地壳组成。

北冰洋由大洋性地壳组成，年龄也较年轻，大约在0.8亿年前的白垩纪末期由于板块扩张才开始形成。北冰洋海岸线曲折，类型多，有陡峭的岩岸和峡湾型海岸，有磨蚀海岸、低平海岸、三角洲及潟湖型海岸和复合型海岸。宽阔的陆架区发育许多浅水边缘海和海湾。

北冰洋中岛屿众多，总面积380万平方千米，基本上是属于陆架区的大陆岛。最大的岛屿是格陵兰岛，面积为218万平方千米，因而也有人称之为格陵兰次大陆。最大的群岛是加拿大的北极群岛，它由数百个岛屿组成，总面积约160万平方千米。

環繞北冰洋的陸地

环绕北冰洋的陆地

北美科迪勒拉
山地

东西伯利亚高地

内陆平原

北冰洋

中西伯利亚平原

哈得孙低地

加拿大地盾

西西伯利亚低地
东欧亚平原

波罗的地盾

环绕北冰洋的陆地

35

世界最大陆架区

　　大陆架是指淹没在海水下的大陆的自然延伸部分，即环绕大陆的浅海地带。世界大陆架的平均宽度75千米，平均坡度为0°07'，总面积为2700多万平方千米，约占地球面积的5.3%，是地球上全部大陆面积的18%。

　　北冰洋在世界大洋中拥有最大的陆架区。北冰洋边缘的大陆架平坦而宽阔，面积约440万平方千米，约占北冰洋总面积的1/3，因而使得北冰洋成为世界上平均深度最小的海洋。在欧亚大陆一侧，大陆架从海岸一直向北延伸1100千米，最宽处可达1700千米。从北斯堪的纳维亚向东一直到阿拉斯加，所有的欧亚大陆边缘海都位于该陆架区。西伯利亚海域的陆架宽达900千米，而北美地区的陆架宽只有50～100千米。

　　大陆架有丰富的石油、天然气、矿产资源和生物资源，鱼类的捕获量占世界海洋总捕获量的90%。宽阔的北冰洋大陆架是一个富饶的宝地。

白令海

　　白令海是亚洲和北美洲之间的海，位于太平洋的北部边缘，被阿拉斯加、西伯利亚和阿留申群岛所环绕。白令海总面积为229万平方千米，平均水深为1598米，总容积为375万立方千米，仅次于地中海和南海，是世界上第三大边缘海。冬季为-25℃，90%海域结冻成冰；夏季为10℃，为开阔海域。

　　白令海是以丹麦航海探险家维他斯·白令的名字命名的。1724—1749年白令在俄国海军工作，1728年，他驾船驶过白令海，通过白令海峡，进入南楚科奇海。

　　白令海的海底可分为两个区域。东北半部区域完全为陆架，离岸最远的可伸到643千米，经白令海峡延伸到楚科奇

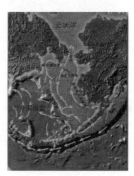

白令海

海的地区。陆架大都浅于200米，流入北极海盆的海水也大都是这些陆架水。西南半部区域由深水海盆组成，最大深度为4420米。海盆的海底非常平坦，水深介于3800～3900米之间，且被两条海脊分隔开，把深水区域分隔成东、西两个海盆。在深海盆内，玄武基岩上覆盖着厚厚的沉积物。

白令陆架还从平坦的海底抬升出几个岛屿，有著名的圣劳伦斯岛、努尼瓦克岛和普里比洛夫群岛。

白令海的海流是受风的作用而引起的。流入白令海的有从阿留申岛链流入的北太平洋水、潮流和从江河流入的淡水。深海盆的海流模式主要为气旋式环流。一部分向北经白令海峡流出，另一部分返回流入北太平洋。许多江河流入的淡水，大都向北经白令海峡流入楚科奇海。

白令海的海洋生物非常丰富，浮游生物有两个最旺盛的季节——春季和秋季，它们主要以硅藻为主，为食物链提供了基本保证。白令海成为很有价值的渔场，主要盛产巨蟹、虾以及315种鱼类，尤其是其中的25种鱼类，更有经济价值。此外，虎鲸、白鲸、喙鲸、黑板须鲸、长须鲸、露脊鲸、巨臂鲸和抹香鲸等鲸类也很丰富。普里比洛夫群岛和科曼多尔群岛是海豹的繁殖地，也是海獭、海狮和海象的集聚地。

北极海冰

北冰洋表面的绝大部分海域终年被海冰覆盖着，是地球上唯一的白色海洋。北冰洋海冰的平均厚度达3米，冬季覆盖海洋总面积的73%，约有1000万～1100万平方千米，夏季覆盖53%，约有730万～800万平方千米。海冰反射来自太阳80%～90%的热量，同时可阻碍从海洋向大气输送热量，也就是说，海冰既作为反射体又作为接受体承担着海气相互作用和大气及海洋间热交换的重要任务，它的变化会给地球气候带来影响。北冰洋的海冰被环绕的陆地所包围，因此自由漂浮受到很大影响，绵延的海冰一直到北极点。北极的海冰比南极厚，常见的大都是多年冰。北冰洋中央的海冰属永久性海冰，有4～6米厚，而其他海区的当年性海冰只有2米厚。

海冰是海水冻结而成的，冰的晶体间还存有被浓缩的盐水，因此要比纯冰脆。池塘里的冰3厘米厚时，人就能在上面行走，而海冰必须要结到10厘米厚才行。由于降雪使海冰厚度不断增加，在风和海流的作用下，浮冰可以叠积形成浮冰山。海冰是浮在海上的冰的总称，不仅包括海水冻结的冰，也包括来自湖泊、河流的冰和冰川掉下来的冰。从格陵兰冰盖和冰架上掉入海里的冰山，随海流进入大西洋或阿拉斯加外海，个别冰山可向南漂移到北纬40°。1912年，世界最豪华的邮轮"泰坦尼克"号首航时，就因撞上了一个从北冰洋漂出的冰山而沉没，造成世界航海史上著名的"冰海沉船"惨剧。

南极和北极的海冰变化对世界的气候和海况有很大影响，考虑到气候变化和航行安全，人们利用卫星对海冰进行了跟踪观测研究和预报。

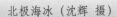

北极海冰（沈辉 摄）

北极海冰的变化

北极的温度和海冰覆盖率的变化是全球气候变化的预兆，也就是说，通过北极温度和海冰覆盖率的变化可以预测全球气候可能发生的变化。

但是研究和收集北冰洋海冰的资料并不是一件容易的事情。从1997—2019年，通过卫星的连续观测，获取了相关海冰的资料，它使研究者能够清楚地看到北极海冰的变化，进而为研究它与全球尺度的气候变化关系提供了可能。

由于海水温度显著升高，北冰洋海冰的总趋势是冰量减少。科学家在2012年记录了北冰洋的海冰覆盖面积，是有卫星观测以来最小的海冰覆盖范围。

海冰覆盖面积减小意味着北冰洋开阔水域增大，开阔水域增大意味着有更多的太阳辐射被海水所吸收，也意味着北冰洋海水温度会升高，从而导致更多的海冰融化和冰量减少。

　　北极海冰变化的程度每年不尽相同，但海冰的总量呈逐年减少的趋势。根据卫星资料分析和计算，北极的永久性海冰每十年减少的速率为9%。

北极海冰快速融化

极地冰川在全球的作用

极地冰川量占地球上全部冰川量的99%，相当于全球淡水的72%，因此它的变化会对地球水平衡和气候变化产生重要影响。极地冰川是地球上巨大的白色反射体，它反射了来自太阳90%的辐射能。它的面积越大，反射来自太阳的辐射能就越多。

如果极地冰川后退，被冰雪反射的那部分辐射能就会被较深色的海水和陆地所吸收，所吸收的太阳能加热了周围环境，使地球变暖。因此，冰融化得越多，反馈给地球的太阳能越多，地球就变得越暖，这又加快了极地冰的融化。

加拿大的北极群岛

加拿大北极群岛是北极地区最大的群岛，是位于北美大陆以北，格陵兰岛以西众多岛屿的总称。该群岛由数百个岛屿组成，总面积约160万平方千米。群岛中面积最大的是位于东北的埃尔斯米尔岛，该岛北部的城镇阿累尔特已经超过北纬82°，一直是北极点探险队出发的首选地。

群岛中许多岛屿多丘陵、低山，是由大陆沉降而形成。各岛之间有许多海峡，其中巴芬岛与拉布拉多半岛之间的哈得孙海峡，是哈得孙湾通向大西洋的海上交通要道。各岛岩石裸露，多为海拔500～1000多米的山地，长期受冰川作用，多冰川地形和冰川作用形成的湖泊。沿海平原狭窄，海岸曲折多峡湾。加拿大北极群岛气候严寒，年平均降水量不足300毫米，人口稀少，主要居民是因纽

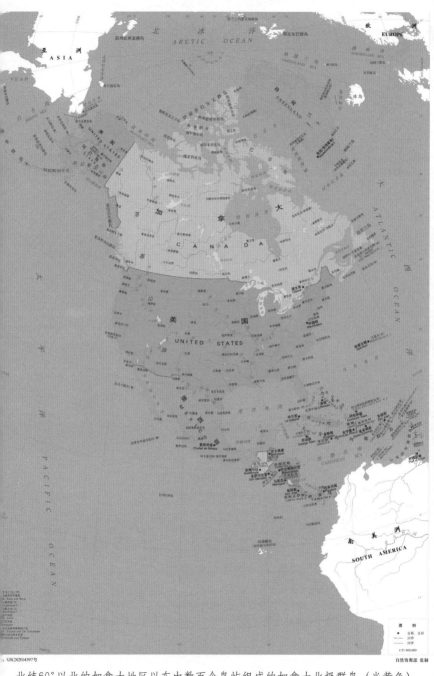

北纬60°以北的加拿大地区以东由数百个岛屿组成的加拿大北极群岛（米黄色）

特人[1]，以捕鱼和捕海兽为生。

气候学家们估计，随着北极快速变暖和海冰退缩，预计到21世纪20年代，横穿加拿大北极群岛，连接大西洋和太平洋的"西北通道"，每年将会有几个月的时间可以通航，有可能成为国际海运的重要航线。到时，从英国伦敦通向日本东京的海运线不需要绕行巴拿马运河，可直接穿行加拿大北极群岛，整个航程将从2.8万千米缩短为1.64万千米。

---

1 因纽特人原被称为"爱斯基摩人"，意为"吃生肉的人"，含有贬义，因此，因纽特人将自己称为"因纽特"，意为"真正的人""土地的主人"。2004年，因纽特民族发布声明，之后所有官方文件均称为"因纽特"。

法兰士约瑟夫地群岛

　　法兰士约瑟夫地群岛是欧亚大陆在北冰洋中最北端的群岛，位于北纬80°—81.9°，隶属于俄罗斯阿尔汉格尔斯克州，也是俄罗斯最北边的群岛，距离北极点只有900千米。群岛处在新地岛的北面，斯瓦尔巴群岛的东面，由191个冰雪覆盖着的岛屿组成。

　　群岛于1873年8月30日由奥匈帝国北极探险队发现，以奥地利国王法尔兹·约瑟夫一世名字命名。1926年，群岛由苏联管辖，岛上的少数居住者主要从事研究或军事工作。夏天有几周时间可以乘船到达该群岛，但要经过苏联政府的批准。

　　群岛属火山岩地貌，由第三纪和侏罗纪玄武岩组成，最高山峰高620米。群岛的陆地几乎是冰雪覆盖着，最东北海域也几乎全年都被浮冰块封锁，少数裸露土地上生长着苔藓和地衣。

群岛年平均温度-12.8℃，过去的30年记录中，最高温度达10℃，最低-48.9℃。1月份，一般在-15℃左右，最高-10.5℃。7月份，一般在0℃左右，最高2.2℃。一年四季都会下雪，但主要出现在晚春和晚秋的季节转换期，雾天主要在夏季出现。

当地经常可看见白鲸在该海域游弋；群岛也是候鸟良好的栖息地，主要鸟类为三趾鸥、管鼻鹱和鸥鸟类。在胡克岛发现过驯鹿的角，表明在1300年前群岛处在温暖的气候时期时，成群的驯鹿曾来到这里。

群岛是科学研究和北极探险的重要基地，许多岛屿

法兰士约瑟夫地群岛的滚石

都设立气象观测站和冰雪跑道。亚历山大地岛是建立气象站的重要岛屿之一，在冷战时期，岛上安装了防空雷达，建设了1500米的雪上跑道，1996年12月23日，一架安-72运输机在该岛降落时坠毁。特普利兹湾（Teplitz Bay）位于北纬81°48′、东经57°56′，在19世纪末和20世纪初，是许多极地探险队的中转点。挪威角留有很多探险痕迹，挪威的探险家弗里乔夫·南森在这里完成了多次北极探险。1895年，他在对北极点的冲刺失败后，回到挪威角，并在一个由石头和动物皮堆砌的小屋里越冬7个月，经受了严酷的考验。

现在，法兰士约瑟夫地群岛也是从摩尔曼斯克港到北极点旅游中途的打卡地，摩尔曼斯克港是北极圈唯一一个不冻港。

格陵兰岛

格陵兰岛的面积为218万平方千米，是地球上最大的岛屿，比西欧和中欧的总和还要大一些。岛上现有居民6万人，其中90%是格陵兰人，其余主要是丹麦人。

格陵兰岛被冰雪覆盖面积为84%，达180多万平方千米。冰层平均厚度达2300米，与南极大陆冰盖的平均厚度差不多，最深处冰层的年龄可以达到几十万年甚至100万年以上。格陵兰岛所含有的冰雪总量为300万立方

格陵兰全景

千米，占全球淡水总量的9%。如果格陵兰岛的冰雪全部融化，全球海平面将上升7.5米。自2010年以来，格陵兰岛部分冰川的移动速度加快了30%，但它对海平面上升造成的影响还未达到气候数据模型此前所预测的结果。此外，格陵兰冰川的移动速度并非完全一致，没有出海口的大陆冰川（也称冰盖）移动速度相当缓慢，每年为9~10米；而连接海水的冰川移动速度则快得多，这类冰川主要分布在格陵兰东部、东南部和西北部地区，其移动速度可达每年11千米以上，且速度在不断加快。

根据重力测量卫星的冰川数据分析发现，2019年格陵兰岛的夏天特别温暖，导致岛上有6000亿吨冰川融化，为2002—2019年年均融化量的两倍多，也使全球海平面在两个月内升高将近0.25厘米。

斯瓦尔巴群岛

斯瓦尔巴群岛是位于挪威北部北大西洋与北冰洋交界处的一组岛屿的总称，其范围北至北纬80°50′，东至东经33°31′，南至北纬74°20′，西至东经10°27′，总面积为61 200平方千米。其中最大的岛屿称为斯匹次卑尔根岛，面积为38 000平方千米。斯瓦尔巴群岛行政中心朗伊尔城，与挪威北部城市特罗姆索的距离约为1200千米，与

到北极点的距离大体相等。群岛东南是巴伦支海，南临挪威海，西为格陵兰海。

受到地质时期构造的影响和第四纪冰川的作用，斯瓦尔巴群岛具有多山的地貌特征，除了冰川形成的谷地外，较少见到大面积的平坦地形。岛上最老岩层形成于前寒武纪和古生代早期，这些岩层被地质学家认为是斯瓦尔巴的"基底"。中生代时期，斯瓦尔巴地区的气候类似于现在欧洲南部的气候，因此岛上这部分地层含有丰富的化石。该地区新生代第三纪的茂盛植被在沼泽地区大量积累并转化为煤。

由于常年受北大西洋暖流的影响，群岛的气候相对于同纬度的北极其他地区要温暖，夏季最高气温达15℃

斯瓦尔巴群岛风景

左右，冬季最低温度为-40℃左右，使群岛成为北纬80°附近最适于人类居住的地区。岛上地形复杂，冬季多大风天气且风向变化较大。

1596年，荷兰探险者巴伦支因试图寻找通往中国和印度的东北航道而到达这一地区，目前普遍认为对斯瓦尔巴群岛的发现应该是在这一时期。这之后，欧洲人就一直在斯瓦尔巴群岛及其邻近海域开展探险、捕鲸和驯鹿狩猎活动。

煤矿业和探险业的发展是斯瓦尔巴群岛成为在北纬80°内有人类居住和活动历史的重要原因。

北极泰加林带

　　北极泰加林带是指从苔原南界的树林线开始，向南1000多千米宽的北方塔形针叶林带。泰加林中树木高达20～30米，大都长成密林。林带群落结构极其简单，常由一个或两个树种组成，底层伴有灌木层、草木层和苔原层。

　　泰加林是世界上面积最大的森林类型，分布在阿拉斯加的大部分地区，加拿大一半以上的地区，几乎全部斯堪的纳维亚以及俄罗斯北方的大部分地区，约1000万平方千米。在泰加林带南界，植物每年的生长期可达150天。泰加林带的南界和北界随着全球10～100年尺度气候的变化而移动。气温升高时，森林带向北移，气温降低时，森林带向南移。我国黑龙江北部边境的部分林区也属于泰加林带的南界。

　　在泰加林带发育着许多世界著名的河流。例如，西伯利亚的叶尼塞河，全长4130千米，是俄罗斯水量最大的河流；鄂毕河全长4070千米，流域面积242.5万平方千米；勒拿河全长4320米，流域面积241.8万平方千米；加拿大高平原区的马更些河是北美洲北极区最大的河流。这些河流向北冰洋注入了大量富含营养的淡水，为北极地区的采矿业、加工业和居民生活提供了丰富的水力资源。

泰加林

北极生态系统及其脆弱性

从物候学角度出发（以7月平均10℃等温线，海洋以5℃等温线），北极陆地面积约1300万平方千米，其生态系统由三个亚区系统组成，即加拿大东部的高纬度白色极地沙漠区，由零星分布植物群落的裸露土壤和岩石组成；苔原冻土区，由连续低层植被覆盖的广阔而开放的平原组成；从北部向南部过渡的森林冻土区，由连续分布的森林覆盖和零星分开的类似苔原的空旷土地组成。

北极海洋面积约1400万平方千米，其生态系统是指海洋生物群落与非生物环境通过能量流动和物质循环形成的自然整体。海冰是北冰洋生态系统中一个最显著的特征。北极海洋微生物广泛生存在海冰、海水、沉积物环境中，参与并推动着北极海洋系统的氧、碳和其他必需元素的循环。在深海沉积物中蕴藏着大量的细菌，生物量超过全球表面生物圈的10%。

北极地区生态环境脆弱，全球变暖对该地区的生物及生物多样性的影响弊大于利，为此，一些极地生物逐渐进化出了适应该变化的机制。

　　全球变暖改变了陆地气候带，因此相对滞后的生物带也随之改变，进而使生物种群和生态系统发生变化，极地植物和动物可能通过改变其分布范围，通过捕食进化积极地适应环境的变暖，但这样会导致部分物种的灭绝甚至引发生态系统的退化和消失。

　　气温上升已经表现出对北极生物多样性的多种影响，表现为南方物种向北迁移，苔原分布区苔藓-地衣为优势的地区被大面积灌木等维管束植物所取代，北方森林带北迁以及"变黄"，植物群落及与其相关的动物种群发生变化，入侵物种将北极本地"居民"赶走现象增多以及出现新的疾病、移栖物种行为改变。

　　北冰洋生物多样性降低，主要是因为海冰生境消失，而具体种类的脆弱性或者濒危程度与其生活史对海冰的依赖度呈正比。对于全部生活史都在海冰中完成的种类，物种的丰度会随海冰消退逐渐降低，直至消失。

北极植物

在寒冷、干燥、暴风雪等严酷的北极自然环境中，植物的生长十分困难，还要经受冰冻、干燥和风吹雪打等的考验。

在北极宽阔的泰加林带生长着繁茂的森林，那里生

盛开着紫色花朵的极地虎耳草

长着北方塔形针叶林等高大植物；在北极苔原，尽管苔藓和地衣大都生长在大陆边缘岩石、背风向阳的狭窄地带和纬度较低的近陆岛屿以及广阔的冻土沼泽地带，但会形成地衣类、苔藓类、藻类等植物群落，远比南极的植被丰富、茂密。地衣有3000多种，苔藓500多种，各种各样的开花植物达900多种，呈现出一派欣欣向荣的繁荣景象。在北纬66°—71°之间的阿拉斯加及加拿大的诸岛屿上，也生长着450种开花植物。在北纬80°左右的格陵兰岛北部地区，仍然可看到90多种各式各样的开花植物，它们无疑是地球上纬度最高的开花植物。尽管格陵兰岛上的植被大都十分矮小，但却顽强地生存着。

由于南极环境远比北极严酷，因此，南极的植物只生长在沿岸地区，除了南极半岛的尖部地区生长着两种草本植物和一种木本的显花植物外，其他区域仅生长有地衣类、苔藓类和藻类。

北极植物特性

严酷的自然环境赋予了北极植物许多特性。

北极花的形状呈杯形，而且都像向日葵一样永远朝着太阳开放，这大概是由于北极阳光微弱的缘故。北极花的花片大都肥硕，像涂了一层蜡一样，这对在干燥少

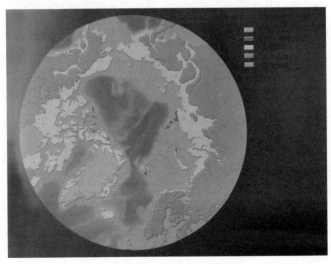

北极地区植物区系特征

雨条件下保持水分和温度十分重要。除此之外，北极的花大多数色彩艳丽，芳香无毒。因此，不仅动物依赖它生存，就连因纽特人也常把清沁芳香的金尼金克花制成干品，在生活中使用。

北极植物有紧贴地面生长的趋势，有些甚至已完全匍匐在地面。凛冽的寒风经常掠过大地，植物贴地而生，能抵御狂风。

北极苔原的永久冻土很难使植物扎根繁衍，因此，北极植物往往根浅茎粗，抱团而生，形成低矮的植物带，犹如一片微型森林，这有利于植物吸收太阳能，产生一种比周围空气温暖的小生境，增强抗寒能力。

北极大多数植物的生长、开花和结果都在短暂的时间里完成，但也有一些植物的繁殖周期长到2～3年，即今年开花，明年结果。随着严寒的降临，各种植物相继死亡，只留下种子冬眠，待到来年春暖时再重新开始生长、发育。地衣能够用休眠来暂停活动，以适应北极的高寒环境。

北极苔原

　　北极苔原是指北冰洋海岸和泰加林带之间辽阔的冻土沼泽带，总面积130万平方千米左右。冬季，这里冰雪皑皑，暴风雪频繁，一片荒凉。夏季，苔原上密布着湖泊和沼泽，一片生机。

北极苔原

北极苔原的夏季较短，每当短暂的温暖季节来临时，苔原密布湖泊和沼泽，显得水面比陆地大。这是因为气温低，水分蒸发慢，而地表面以下几厘米处就是永久冻土层，阻止了正常的渗漏排水。北极苔原的永久冻土最厚可达480米。土层裸露的地方会盛开一朵朵、一簇簇姹紫嫣红的小花。这时候，昆虫也出来活动了，鸟儿也飞来聚会，呈现一派生机盎然的景象。北极苔原的大部分都在北极圈内，只有加拿大的哈得孙湾和阿拉斯加西海岸可向南延伸到北纬55°区域。苔原降水量仅200毫米，与我国黄土高原等干旱地区差不多。北极苔原南界的植物每年生长期为90天左右，而北界的生长期仅20天左右，越往北，生长期越短。

北极苔原为祖祖辈辈居住在这里的土著居民提供了重要的生存环境。

地衣类

北极苔原带的植物繁多，但生命力最强的植物还是地衣类。

地衣是菌类和藻类的共生体，形成被称为地衣体的特殊植物体。菌类自己没有光合作用能力，生长所必需

北极的地衣

的物质全部要靠共生藻类的光合作用供给，而藻类所需的水分、无机盐和二氧化碳则靠菌类提供。

北极的地衣形状各式各样，颜色有红色、橘色和黄色。有的地衣生活在苔藓上和岩石中。

为了在严酷的极地环境中生存，地衣类需要有特殊的生活方式。一方面，坚固的地衣体表皮能防止由于低温和强风带来的干燥所引发过快的水分蒸发，并能顺利地向藻类供给水分；另一方面，在藻类中由叶绿体产生的糖反过来作为菌类的营养被利用。所以，它也能在营养少而又异常干燥的岩石表面生存下去。

北极动物

　　南极大陆十分严酷，动植物只能在南极的裸露岩及其周围繁衍。而在北极地区，不仅有茂密的泰加林带，而且有到处可见的生机盎然的长着地衣、苔藓和盛开着各种各样鲜花的苔原地带，那里生活着上百万只北美驯鹿、数万头麝牛、成群的北极野兔，以及峰年时每公顷多达1500只旅鼠等草食动物，还生活着以草食动物为食的狼、狐狸、狼獾和北极熊等动物。

　　在北冰洋广阔的水域中，还有上百万只各种海豹，20万头海象，数千头角鲸和白鲸以及数不清的以鳕鱼为代表的各种各样的鱼类，北半球全部鸟类的1/6在北极繁殖后代，至少有12种鸟类在北极越冬。

　　最重要的是，北极地区生活着至少已有上万年历史的土著居民——因纽特人、楚科奇人、雅库特人、鄂温克人和拉普人等。

北极动物特性

　　为了能在严酷的北极自然条件下生存，动物们都有各自的特性。绝大多数的昆虫一年当中大约有9个月的时间都处在冷冻状态中，它们在土壤或沼泽中和周围的物质冻在一起，以睡眠状态来对抗难以忍受的寒冷。在它们进入冬眠状态之前，它们能自动地将细胞中的水分减少到最低限度，从而有效地避免结晶。大部分候鸟以长途迁徙来逃避北极的寒冷，而长年生活在北极的雷鸟则以丰厚的羽毛与恶劣的气候抗争，雷鸟是寒冷地区具有代表性的鸟类，它不仅全身有厚厚的羽毛，而且连腿部爪子和脚底都长满了羽毛，既保暖又减少了压强，特别适于在雪地上行走；北极海鸥虽然小腿和爪子上没有长毛，但却具备双重体温，即小腿以下的温度只有0℃左右，比身体其他部位几乎低40℃，这减少了热量的散发，它们站在冰雪上也不会感到特别冷。狐狸、狼、麝牛和北极熊等大型动物主要靠丰厚的毛和不停地运动来保持体温抵御严寒。驯鹿也具备双重体温，腿部温度比正常体温低10℃左右，不仅减少了热量散发，而且也确保腿部免受冻伤；生活在北冰洋里的哺乳动物依靠着浓密且充满干燥温暖空气的毛发来保暖，海豹、海象和鲸等都具有圆形的体型，这不仅在游泳时大大减少了阻力，而且有效地减少了热量的散失，当然，它们主要还是靠巨厚的皮层和皮层下厚厚的脂肪层确保在冰冷的海水中保持40℃左右的体温。

　　同一种动物如果生长在北极，其个体大，体型接近圆形，附肢和附器短小，这种进化有利于保持热量。

晒日光浴的海豹

北极昆虫

　　全球共有200多万种昆虫，主要生长在热带和温带。由于北极严酷的环境，昆虫的种类比较少，总共有几千种，主要有苍蝇、蚊子、螨、蠓等，其中苍蝇和蚊子的数量最多，占昆虫总数的60%～70%。在北极可以看到广泛分布在热带地区的蝴蝶和蛾子。蚂蚁是地球上数量最多、分布最广的生物，但在北极很少看到它们。

　　昆虫既无长距离迁徙的能力，又永远只能"赤身裸体"，为了度过北极严寒的冬季，绝大多数昆虫在一年当中大约有9个月的时间身体都处于冷冻状态。它们休眠于土壤、泥巴或沼泽里，和周围的物质冻在一起。在漫长的冬季里，它们既不担心天敌的侵扰，也不必去找东西吃。但昆虫面临着一个困难，那就是北极地广人稀，食物也很少见，许多小型动物为了生存和繁衍，必须具有极敏感的嗅觉，才能找到可攻击的对象。

对于深入野外考察的科学工作者来说，北极有些昆虫是相当可怕的。如北极蚊子常常成群结队，哄然而至，轮番叮咬，若无严密保护，往往能置人于死地。

北极昆虫——牛蝇

北极熊

　　企鹅是南极的象征，那么北极的象征动物就是北极熊，又称为白熊。

　　北极熊全身皆白，连耳朵和脚掌都长着白毛，只有鼻头有一点黑。北极熊雄大雌小，体重一般几百千克，身长可达3米，重1000多千克。

　　北极熊是游泳能手，在北冰洋那冰冷刺骨的海水里，它的速度能达到5～6千米/时，可畅游40～50千米，它们游泳的姿势并不优美，是狗刨式，两条前腿作桨，奋力向前划，后腿则并在一起作舵，掌握着前进的方向。

　　北极熊的食物是海豹，在觅食时，表现出一种惊人的耐性，它能几小时一动不动地卧在冰洞旁，只要海豹一露头，它就挥掌扑去，其用力之大能把海豹的肋骨和盆骨拍得粉碎。在春天和夏初捕食时，北极熊会先"隐蔽"起来，一发现躺在浮冰上晒太阳的海豹，就悄悄地逼近它，然后猛扑过去。

北极熊

春季是北极熊的配偶期。此时，成熟的雄熊和雌熊一起漫游，表现出彼此的眷恋之情。体态苗条的雌熊总是走在前面，而体态粗壮的雄熊紧跟其后，当遇上情敌时，雄熊之间不免要进行一场残酷的格斗，失败者灰溜溜地离去。交配之后，北极熊便各奔东西。雄熊过着流浪的"单身汉"生活，雌熊将同幼熊一起生活。北极熊多为双胞胎，有时也会出现一胎或三胎的现象。出生后的幼熊在头4个月里与母熊形影不离，4个月后，母子就可走出洞穴觅食了。在以后的2年里，小熊从母熊那里学习在北极生存的各种技能，2岁后，小熊独立生活。4～5岁便可成家、繁殖后代。

北极熊是世界上最大的陆地肉食动物。由于北极海冰快速退缩，大大改变了北极熊赖以生存的环境。在斯瓦尔巴群岛地区，原来很难看到北极熊，最近几年发现活动着2000～3000只北极熊。该地区的北极熊，成年熊的平均重量在200～800千克，即使是幼熊也有100多千克，攻击人是很容易的，因此，所有外出考察或作业的人员都要求携带猎枪以防熊的攻击。

全球变暖导致北冰洋浮冰融化，令北极熊无处栖身。有研究预测，到2100年，除了在加拿大北极群岛最北的伊丽莎白女王群岛还会生活着北极熊，大部分地区新生的北极熊将不再有或显著减少。

北极猛犸象

  猛犸象又名毛象（长毛象），是一种适应寒冷气候的动物，曾是世界上巨大象之一，其中草原猛犸象体重可达12吨。猛犸象和亚洲象是在480万年前，由相同的祖先分支下来的；非洲象则是在大约730万年前，更早地从这个族谱中分离出来。

  猛犸象身高体壮，有粗壮的腿，脚生四趾，头特别大，在其嘴部长出一对弯曲的大门牙。一头成熟的猛犸象，身长达5米，体高约3米，与亚洲象相近，门齿长1.5米左右，身上披着黑色的细密长毛，皮很厚，拥有极厚的脂肪层，厚度可达9厘米。

  据说猛犸象曾是石器时代人类重要的狩猎对象，在欧洲的许多洞穴遗址的洞壁上，可以看到早期人类绘制的图像，这种动物一直存活到一万年以前，在阿拉斯加和西伯利亚的冻土和冰层里，不止一次发现其冷冻的尸体。

大约在一万年前，全球气候变暖，冰川消融，猛犸象无法适应新的生存环境而最终灭亡。消亡的动物还有北极野牛、马、北极高鼻羚羊、北极牦牛、亚洲麝牛、长毛犀牛和许多其他动物。

随着气温的上升，冰原解冻，在寒冷的北极"大陆"上绽开出一片北冰洋。受北冰洋的影响，这一地区的气候变得潮湿，成为海洋性气候。原来的广阔草原成了一片沼泽冻土和森林冻土，较南面的地区长出了一片浓密的原始森林。猛犸象正是由于这一地貌的巨大变化才消失的。人类的捕猎对象变为那些稀少的野生动物和植物，由此创立了所谓的新石器时代的新文化。可以说，猛犸象的灭亡和北极洲的消失，实际上促进了新文明的建立。

猛犸象

驯鹿

驯鹿区别于其他鹿种的最大特点是，驯鹿长着树枝般的角，长达1.8米左右，大角每年换一次，刚一脱落马上长出新角。驯鹿的名字是从印第安语演绎过来的，其意为"雪路开拓者"，因为它那强壮而又灵活的四肢和坚硬而宽大的四蹄，使它在沼泽和雪地上获得大的支撑力。它不仅在雪地上行走自如，也能从坚硬的雪地里刨出食物。

驯鹿主要以冻土带的植物为食。夏天食取青草、树枝、鲜蘑等，冬天扒开积雪寻找地衣和苔藓。

驯鹿每年10～11月交配，4～5月在冻土带僻静处开始生儿育女，小驯鹿成长得很快，出生后1周就可以像自己的父母一样奔跑。夏天，雄鹿和拖儿带女的雌鹿分道觅食，秋末冬初，它们汇集成群，离开寒冷的北极冻土带，向南迁徙到温暖的亚北极森林、草原，早春，它们又开始向北进发。

驯鹿的冬毛浓密而细，毛干充满了空气。鹿毛厚、密，能抵御寒风袭击，而毛里充足的空气使它具有良好的浮力，能轻而易举渡过河川。春天是驯鹿脱毛的季节。

在寒冷漫长的极夜里，驯鹿紧紧地挤在一起，以便靠近同伴的身体取暖。夏天蚊子和蝇类给它们带来了极大的困扰，为了摆脱困境，它们常常翻山越岭，找个凉爽且蚊蝇稀少的地方。

驯鹿

麝牛

麝牛在分类上是一种介于牛和羊之间的动物，从其外表来看，更像我国西藏的牦牛。麝牛貌似家养的牛，奔跑时像羊。初生的麝牛像羊羔一样咩咩地叫。科学家认为麝牛同山羊和绵羊更为接近。

麝牛是一种非常有耐力的动物。严寒对它无可奈何，酷热它也能忍受。冬天，麝牛喜欢待在高原和山坡上，积雪被风吹走后会露出少许的植被，它便在这些植被中刨取食物。春天，当积雪渐渐消融时，麝牛则到河谷或冻土带低凹处觅食，直到夏天和秋天。麝牛的居住地相对稳定，有时一群麝牛会在同一山谷、山坡生活一两年。

雄麝牛一般高1.4米，体重可达400千克。雌麝牛略小。麝牛身上覆盖着长长的粗、松、褐色绒毛，每年5月底脱毛。麝牛长着一对永不会脱落的中空犄角。麝牛两年繁殖一次，每胎仅产一仔。麝牛成熟较晚，一般要到第4个年头。在交配前，公牛之间通常要进行残酷的格斗，同绵羊一样用角顶撞。4～5月份，麝牛生下牛犊，一般情况下要喂奶一年多。

麝牛显得很温顺，受到北极狼袭击时，也不会主动攻击，牛群会自动围成一个圆圈，年轻力壮者组成一道坚固的牛墙，等待狼的进攻。

关于麝牛如何抵御暴风雪，科学家们众说纷纭，至今仍没有准确结论。

麝牛

北极兔

生活在北极地区的北极兔，体型比家兔大，身体肥胖，耳朵和后肢比较小。

北极兔因蹄子很大，被人们称为"雪鞋兔"。它的蹄子不仅大，而且脚底长着长毛，有助于减少压强，适宜在雪地上奔跑。北极兔的颜色能随着季节的不同而改变，春夏秋三季为褐色，一到冬季则变为雪白色，这不仅便于伪装，还能起到反射光线的作用，使敌人难以发现它，而且它那蓬松的绒毛形成了一层绝缘层，能有效地防止热量的散失，这对它度过寒冷的季节至关重要。

北极兔的繁殖能力并不强，由于气候和食物所限，它们每年只能产一窝，每窝也只有2～5只，但它的成活率较高，所以数量比较稳定。北极兔的幼仔一生下来就能睁着眼，跟家兔生下来总是闭着眼是截然不同的，这大概也是为了适应北极生存环境的原因。

因北极兔肉质鲜美，毛皮珍贵，现已成为人们猎杀的对象，数量在不断减少。

北极兔

北极狼

北极狼是北极具有最明显等级制度的动物。狼群属于父系氏族，每一群体都是以一头最强壮的雄狼为首领，不仅负责组织和指挥打猎，而且也独占着与雌狼交配的权利。北极狼喜欢合家而居，雌狼和雄狼一旦结为伴侣，便相敬相爱，不管是雄狼还是雌狼，都精心地维持着家庭的和睦。待家里有了后代，父母表现出无微不至的关怀。在出生后的头13天里，尚未睁开眼的幼狼紧紧地挤在一起，安静地躺在窝里。此时雌狼几乎寸步不离，即使偶尔外出，也很快就赶回来，精心地照顾着它们的孩子。一个月后，雌狼开始训练幼狼，让它们逐渐学会捕食的基本技能。

北极狼是肉食性动物，它们虽然也捕食旅鼠、田鼠等小动物，但它们的主要食物是驯鹿和麝牛等大动物。北极狼和驯鹿经常并肩同行，狼出现后，驯鹿并不惊慌，因为强壮的成年驯鹿善跑，还可以用角和前腿进行自卫，落入北极狼口中的主要是那些老弱病残的驯鹿。在驯鹿的迁徙过程中，北极狼充当了"收容队"的角色。狼群总是集体捕猎，分而享之。狼群通常是5～10只组成一群，开始它们会从不同方向包抄，然后慢慢接近，一旦时机成熟，便突然发起攻击，若猎物企图逃跑，它们便穷追不舍，直到捕获成功。

因为北极狼的模样长得很像狗，长期和狗生活在一起的因纽特人对北极狼颇有好感。

北极狼

北极狐

　　狐狸是北极冰原上真正的主人，不仅世世代代居住在这里，而且除了人类之外，几乎没有什么天敌。北极狐颜面狭窄、吻尖、耳圆、尾毛蓬松，尖端呈白色。北极狐身披厚厚的、又长又软的绒毛，在严酷的寒冷条件下，它们仍能生活得很舒适。3月是北极狐的发情期，发情时雌狐头向上扬，坐着嚎叫，呼唤雄狐。雄狐发情期时嚎叫得更频繁，经过短暂的妊娠期（50天左右），一窝小狐狸出世了。一般每窝8～10只，最多可达16只。这时雌狐专心给它们喂奶，16～18天后小狐狸开始睁眼。两个月的哺乳期过后，雌狐开始到野外捕食喂养小狐狸。10个月左右，小狐狸性成熟，随后开始成家立业，繁衍后代。

　　北极狐的主要食物是旅鼠。当遇到旅鼠时，它们能极其准确地跳起来，猛扑过去，把旅鼠按倒在地，然后吞食下去。当北极狐闻到在窝里的旅鼠气味或听到旅鼠的尖叫声时，它们会迅速地挖掘位于雪下的旅鼠窝，当扒到窝时，它们会突然高高跳起，借助跃起的力量，用腿将旅鼠窝压塌，然后将旅鼠一一吃掉。北极狐也捕食小鸟，偷食鸟蛋，追捕兔子。秋天也寻找一些浆果吃。

北极狐分为两类：一类是随着季节改变颜色的变色狐，冬天全身的毛均呈白色；一类是活动在北冰洋沿岸，一年四季均呈蓝灰色的或天蓝色的北极狐。

北极狐的毛皮非常珍贵，因此，自古以来，它们就成为人类竞相猎杀的目标。

北极狐

狼獾

    狼獾主要生活在北极边缘及亚北极地区的丛林之中，兼备狼的凶残性和獾的体形。狼獾身长可达1米，体重可达25千克，毛色多为棕色。

    狼獾多喜欢独来独往，但到发情期时会聚在一起。它们的活动范围很大，母獾的活动范围有50～300平方千米，而公獾的活动范围更大，可达1000平方千米。母獾对自己的领地防守很严，特别是发情期和喂养幼仔的时候更是如此，对任何来犯者，母獾都会给以坚决的回击。狼獾的妊娠期长达120天左右，每窝产仔1～3只，两年后成熟。

    狼獾食性复杂，有鸟蛋、小鸟、旅鼠及秋天的浆果，但其主要食物是驯鹿，特别是冬天驯鹿从北方回到边缘丛林的时候，它们会跟在其后，寻找机会伏击，一旦捕到一只老弱病残的驯鹿，它们很快将其分解，小部分当场吃掉，大部分分几个地方埋藏起来，以便在漫长的冬天找不到食物时扒出来享用。当找不到食物时，它们也会跟在熊和狼群的后面吃点残羹冷炙，甚至拿腐尸来充饥。

狼獾

旅鼠

　　旅鼠是一种类似老鼠的小动物，比普通老鼠小一点，体形椭圆，四肢短小，最大可长到15厘米，尾巴短粗，耳朵很小。

　　旅鼠以植物根为食。它的繁殖率极高，一只母旅鼠一年可产6～7窝，每窝可生8～10只。新生的小旅鼠30天后便成熟并可进行交配，经过20天的妊娠期，即可生下一窝小旅鼠，其繁殖速度令人吃惊。

　　旅鼠被认为与南极地区食物链中磷虾的作用相似，在初级消费者到高级消费者的传递中起到关键作用。旅鼠数量的周期性变化也是对生态平衡的调节。通常每2～4年，旅鼠数量急剧增加一次，以旅鼠为食的动物也会随着增加，当旅鼠数量减少时，以旅鼠为食的动物数量也随之减少。

　　当旅鼠数量急剧增加，达到"鼠口爆炸"时，随处可见雪鸮，它们是旅鼠的天敌，可以说，有旅鼠的地方肯定有雪鸮。当大量雪鸮在上空盘旋时，旅鼠会突然变得焦躁不安起来，东奔西跑、吵吵嚷嚷，永不休止，停止进食，此时它们的毛由灰黑色变成橘红色，它们纷纷聚集在一起，渐渐形成一大群，先是四处乱窜，然后沿着一定的方向奔跑，一路"翻山越海"，死亡无数，一旦找到适合定居的地方，就各奔东西，另安新家。

在旅鼠迁移过程中，捕食旅鼠的北极狼、北极狐和北极鸟类也会跟随着旅鼠群进行迁移。

旅鼠

北冰洋的食物链

在地球上，所有生物生长都要依靠太阳，但只有植物能把太阳能储存，动物生长所必要的能量均是从植物中取得的。动物嚼食植物摄取能量，这就是食物链关系。

海藻等浮游植物依靠海洋中丰富的营养盐和强大的太阳辐射能进行繁殖，通过光合作用把太阳能储存在藻类中，这是依靠太阳能进行的第一次生产。

北冰洋的食物链

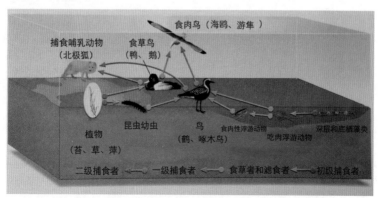

夏季日照达24小时的北冰洋，是世界中富有生产力的海洋。春天，在浮冰底部形成一个褐色的海藻层。海藻是端足目小甲壳动物的食饵，草食性浮游动物捕食浮游植物，这个阶段是被储存太阳能的第一次（级）消费。端足目小甲壳动物被北极鳕鱼捕食，因此，鳕鱼是第二级消费者，鲸、海豹等捕食第二级消费者鳕鱼，这就到了第三级消费者的阶段。而人类捕食鲸和海豹，就是第四级消费者。

北极鳕鱼

　　北极鳕鱼分布于整个北极海域，是典型的冷水性鱼类。它是一种中小型鱼类，一般体长为20多厘米，最大体长可达36厘米。每年9月，北极鳕鱼开始向西南方向迁移，在冬季0℃以下的海水中产卵，由于水温低，孵化期长，一般为4～5个月。在寒冷的环境下，北极鳕鱼生长神速，最大寿命可达7岁。北极鳕鱼的性成熟年龄一般为

鳕鱼

4岁，其中大部分一生中只产卵一次，产卵后有的北极鳕鱼游向河口或河下游，再游向外海。

北极鳕鱼夏天主要生活在巴伦支海的冰缘带，其幼鱼以小型浮游植物和浮游动物为食，随着年龄的增长，它们摄食的浮游生物个体逐渐由小变大，并捕食小型鱼类。

北极鳕鱼是海豹、鲸和鸟类的重要捕食对象，而且许多冰上和陆上动物，如北极熊、北极狐等也常到海岸寻觅在洄游途中被暴风吹到岸边的北极鳕鱼，以弥补食物的不足。

北极虾，学名北方长额虾，因产自北冰洋和北大西洋的深海而得名。

北极虾广泛分布于北冰洋东部和北大西洋深海，主要捕自加拿大纽芬兰岛外海、拉布拉多海和格陵兰岛西部海域，挪威、冰岛、波罗的海海域也有少量捕捞。

北极虾生长在150米深的冰冷海水环境中，生长速度缓慢，长到商品所需的规格需要3～4年的时间，体形也比一般暖水虾小，平均每千克120～150只。煮熟的虾呈粉红色，肉质紧，吃起来有甜味，因此也叫北极甜虾。

北极虾是100%的野生冷水虾，与其他虾类相比，口感更加鲜美，营养更加丰富，特别是它生长于深海，因此越来越多的日式料理店或粤菜餐馆的刺身都把北极虾作为首推菜品。

目前全球北极虾年捕捞产量大约为25万吨，中国市场每年进口大约5万吨，是全球最大的北极虾消费市场。中国进口的北极虾70%来自加拿大，因此北极虾在中国通常也被称为"加拿大北极虾"。销往中国的北极虾主要是煮熟的北极虾，活蹦乱跳的北极虾被捕捞上来后，船上作业人员就会用海水整只带壳地煮熟，并迅速在-30℃冷冻，整个加工过程不会超过半个小时，充分保证了虾的新鲜度。北极虾经过冷链运输进入中国，消费者直接拿开水焯一下就能食用。

北极虾

北极帝王蟹

　　北极帝王蟹，也称国王蟹，有红色帝王蟹、金色帝王蟹、石蟹、岩蟹等之分，属节肢动物门、软甲纲、十足目、石蟹科的深海甲壳动物。因体型巨大、处事霸道、蛮力十足，被称为"王蟹"。

　　帝王蟹祖先源自寄居蟹，成年帝王蟹腹部不对称，体型是蟹类中最为庞大的一种，肥重、甲壳坚硬、呈红黑色。一般重2～5千克，要生长10年左右才有三四千克重。这种世界上最大的甲壳类动物原产于太平洋深海和南极半岛海域。

　　帝王蟹生长在深海850米左右，水温1.4～5℃，主要分布在白令海、堪察加、阿拉斯加等北极和亚北极地区。已知的帝王蟹大约有113种，共14个属。由于它们体型巨大、肉质鲜美，故被广泛捕捉食用。

　　帝王蟹入侵严重影响北极的生态平衡。导致帝王蟹大量入侵的原因可能是一次或多次海洋大洋环流流经南极半岛帕默深海区，夹带着那里的大量幼蟹输送到北极地区。另外，近年来气候变化引起北极海水变暖，导致帝王蟹向北迁徙。

一旦帝王蟹迁徙到新的居住海区，其周围原本生活着的大量动植物，如棘皮动物包括海蛇尾、海百合和海参等，会因受到威胁而灭绝。

帝王蟹

红点鲑

红点鲑分布在欧洲和北美洲沿岸的环极地区以及北极岛屿的海域，是深入北极地区最远的淡水鱼，其在北冰洋水系主要是溯河性类型，但在一些湖泊中也存在定居性类型。

溯河性红点鲑长70厘米，重达4千克。在新地岛，红点鲑在河流上游的湖泊中过冬，6～7月开始游向海中，海中的红点鲑成鱼以各种小鱼为食。红点鲑的幼鱼栖息于咸、淡水湖及河的下游，以摇蚊科的幼虫、水跳虫及桡足类为食。到了7月，在海中觅食的红点鲑积累了足够的脂肪，开始返回河中产卵。新地岛的红点鲑每隔一年产卵一次。红点鲑出生后6～7年性成熟，而在卡拉河产卵的红点鲑，3～4龄时就达到性成熟，开始产卵。

湖里的红点鲑，体长比溯河性红点鲑小，最大长度可达45厘米，4～5龄性成熟，以鲈鱼、虎鱼和条鳅鱼的幼鱼为食。

在北极水域，红点鲑是当地渔业的重要捕获对象，特别在秋季洄游时，人们利用各种鱼栅并布设陷网进行围捕。

溪鲑

北极鳍脚类动物

生活在北极地区的鳍脚类动物有海豹、海象、海狮和海狗等，其中，海象只生活在北半球寒冷的海中。与陆地大象不同的是，它们的四肢因适应水中生活已退化成鳍状，通过后鳍朝前弯曲，并将獠牙刺入冰中的方式，在冰上匍匐前进。它们主要生活在北极海域，可称得上是北极特产动物，也可以进行短途旅行，所以在太平洋和大西洋中也能见到它们。由于分布广泛，不同环境条件造成了海象的差异。生物学家把海象分成两个亚种，即太平洋海象和大西洋海象。

海狮种群中包括海狗，它们的特征是有耳轮，后肢向前方弯曲，在陆上也易于行走。海狮种群均以岛屿和海岸的礁石地带为产房，集群繁殖。

海豹种群没有耳轮，头部特别光滑，呈流线型，后肢无论是在陆上还是在海水里，均往后伸展，不能像海狗那样在陆上行走，只能靠蠕动身体匍匐前进。它们极少集群建产房和繁殖，常常零零散散地散落在冰上产仔，且躺在冰原和海冰上睡觉。北极地区的海豹有7种。

北极鳍脚类动物——海狮

海象身长可达3～4米，体重达1.3吨左右。它的躯体呈圆筒状，皮肤又厚又皱，脸上长满硬胡须，有4只肥胖的鳍，2只后鳍能向前弯曲。从嘴角伸出2只长牙，长达70～80厘米，重约4千克。长牙是攀登浮冰或山崖的工具，也是格斗的武器，但其主要是用来获取食物的。

海象喜欢群居。在海象栖息地，数百头海象紧紧地靠在一起，泰然自若地睡着。海象群中入睡者的鼾声和未入睡者的吼声此起彼伏。它们身上散发着熏人的臭味。

海象捕食时，先吸足气，然后垂直潜入海底，接着用长牙犁地，然后把趴出来的蛤蜊用它的前鳍集中起来，在上浮的同时，双掌不停地搓揉，把蛤蜊壳搓得粉碎，当海象松开"双手"时，蛤蜊碎壳与肉开始下沉，因蛤蜊肉下降得慢，海象便张开大嘴吞食蛤蜊肉。

海象的繁殖率很低，每2～3年才产1头，哺乳期为一

海象

年。断奶后，由于小海象的牙尚未发育完全，不能独自获取足够的食物和抵抗外在的伤害，故小海象要和母象待3～4年，当牙长到10厘米之后，才开始走上独立生活的道路。

气候变暖也威胁到海象的生存。由于北极的海冰减少，大量海象为寻找食物不得不离开海洋，被迫上岸并爬到悬崖峭壁处，但因视力差而看不到地势和对危险的感知能力低，当它们打算重返大海时，往往误从悬崖坠下惨死。

海豹

在世界海洋中，海豹的种类有18种之多，还不包括亚种。北极地区有7种，比南极地区多2种。但南极地区的数量最多，其次是北冰洋、北大西洋、北太平洋。

海豹的身体呈纺锤形，头部滚圆，全身披毛，前肢短，后肢长。海豹有时在海里游泳，有时又到岸上休息。海豹的游泳能力很强，时速可达20多千米。它们也善于潜水，可潜100米左右深，潜水时间长达20分钟。

海豹是"一夫多妻"制，在发情期，雄海豹开始追随雌海豹，一只雌海豹的后面往往跟随着几只雄海豹，因此雄海豹之间不可避免地要发生残酷争斗，胜者便和雌海豹一起下水，在水中交配。

雌海豹爬到陆地或冰上产仔，生下后每天及时喂奶，精心照料，遇到险情会竭力保护。

海豹的经济价值极高，它的肉质鲜美，营养丰富，皮质坚韧，可用来做衣服、鞋、帽等，脂肪可以作燃料。正因如此，海豹是因纽特人赖以生存的物质基础。

由于人类的大量捕杀，海豹数量大减，为了人类的自身利益，禁止无节制地捕杀海豹是人类的共同责任。

北极海豹

海狗与海豹不同的是，海狗有耳轮，后肢向前弯曲。成熟的雄海狗，毛呈深褐色，肩部有一些灰色的毛，体长1.8米，体重200多千克。雌海狗呈灰褐色，体重仅50千克左右。

海狗的食性极广，主要是头足类动物、鳕鱼、鳟鱼、各种海鞘等。

每年5月，长得又肥又壮的雄海狗率先来到它们的繁殖地，3～4个星期后，要生产的雌海狗到达繁殖地，走近雄海狗。每只雄海狗拥有的雌海狗数量不等，有的仅有一只雌海狗，有的则拥有50只以上，甚至100只。生下幼仔后，雌海狗又开始发情，和雄海狗进行交配，到来年的这个时期，上岸，寻找雄海狗，生产、交配。到了8月，各个家庭逐渐散去，因自5月以来，雄海狗没有吃过一点东西，身体变得很瘦弱。在整个夏天，所有那些年轻的尚不能参加交配角逐的雄海狗，都聚居于远离繁殖地海岸的其他地区。

海狗

洄游在北冰洋的鲸

　　鲸是地球上最大的动物，长达数十米，重达100多吨。鲸生活在世界大洋中，在极区经常可以见到。南北极地区共同的鲸种类很多，即使是同一种类，它们常以赤道为界，分别独立地生活在南、北半球内，很少在一起竞争。在北冰洋中，北极的白鲸、角鲸和格陵兰鲸都只是生活在北极圈内的鲸，而在南大洋中，还未发现有这样的鲸。

　　鲸大体上分为须鲸和齿鲸。一般来说，须鲸的个体比齿鲸大。两者的主要区别是，须鲸不长牙齿，只有上颌上垂下来的两列毛状的须板，须鲸用须板过滤捕食到的浮游生物；齿鲸长有锋利的牙齿，用来撕咬和吞食食物。

　　分布在北冰洋的鲸类有蓝鲸、白鲸、角鲸、抹香鲸、虎鲸和格陵兰鲸等。

　　鲸体型呈高度的流线型，具有光滑的皮肤，减少了水的阻力，便于游泳；鼻孔位于头顶背部，形成喷水孔；具有巨大的尾鳍，以适应海中生活。鲸是一种恒温动物，其体温总是保持在37℃左右。为了保持体温，鲸类有一层海绵状厚厚的皮层，皮层以下有厚厚的脂肪，为绝缘层，可保证体内热量尽量少的损失。

虎鲸

格陵兰鲸

格陵兰鲸是地球上极大动物，身长20～22米，体重可达150吨。它脊背平展，前鳍呈圆形，宽阔而短小，头部和背上的皮很厚，可达25厘米，它能用脊背顶开初冻的冰层，还能轻而易举地拱动大块浮冰，便于在冰海中前进。它的胡须长在口腔里，由三四百个从上颌垂下的富有弹性的薄膜构成，薄膜内缘长满了发状的毛边。它利用鲸须做筛子，从海水中滤出食物，一头鲸每天能吞食1吨虾和浮游生物。

格陵兰鲸喜欢独居或小群体活动，没有一定的繁殖期，刚出生的小鲸就有3～4米长，一年后长到9米，寿命达40年以上。

格陵兰鲸通常浮出水面，呼吸1～3分钟，之后钻入水下5～10分钟，有时为20分钟，一般游得较慢，每小时7～8千米，其呼吸时喷出的水柱高4～5米，降落时形似

鲸尾

圆帽。

格陵兰鲸有三个独立的鲸群：白令–楚科奇鲸群、西格陵兰鲸群和斯匹次卑尔根鲸群。它们属于迁徙动物，秋天向南游去，春天又回到北方。

蓝鲸

蓝鲸是鲸类中最大的一种，体长最长为33米，体重190吨。它们以大海为家，不畏两极严寒，不惧赤道的酷暑，穿梭于各大洋中。

蓝鲸力大无比，可与一辆火车头的力量相媲美。

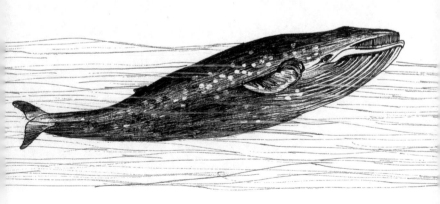

蓝鲸示意

蓝鲸嘴里无牙齿，仅在上颌生有两排板状须，靠摄取浮游甲壳动物和小鱼为生。进食时，只需张开大嘴，便会有大量小虾、小鱼顺水而入，这时蓝鲸将嘴一闭，把海水从须缝中排出去，滤下小鱼、小虾，然后吞食。蓝鲸的食量大得惊人，一天要吃掉4～6吨磷虾或其他浮游生物。因南大洋和北冰洋有着丰富的磷虾和其他浮游生物，夏天蓝鲸游向南大洋或北冰洋，饱食一段时间后，到了冬季返回温暖的海域，在那里生儿育女。

　　蓝鲸经交配、受孕、怀胎一年后，晚秋产下幼鲸。幼鲸一出生就有7米长，7吨多重。哺乳期结束后，幼鲸的体长可达16米，体重达23吨。蓝鲸8～10岁性成熟，便可开始生儿育女。

　　由于蓝鲸浑身皆宝，自然便成了捕鲸者捕猎的对象，经过长期的大捕杀，已经造成蓝鲸几近绝迹。

北极的鸟类

南极没有果实和昆虫，所以鸟类无法在陆上栖息，因此，南极大陆和周围的岛屿上只生长着海鸟。北极就不同了，这里既有森林，又有生长着各种花草的辽阔草原，有丰富的果实，还有安静且洁净的环境，很少受人类干扰，这里有各种昆虫，有丰富的鳕鱼，因此，这里变成了鸟类的王国，是鸟类的天堂。仅在阿拉斯加北极地区，就有来自世界各地的候鸟在这里安家落户。例如，绒鸭来自阿留申群岛，苔原天鹅来自美洲东海岸，黑雁来自墨西哥，塞贝尼海鸥来自智利，短尾海鸥来自塔斯马尼亚，滨鹬来自马来西亚和中国东海岸。也就是说，北极是全世界几乎所有鸟类的乐园和故土。北极的鸟类共有120多种，其中多为候鸟，常驻的鸟类有12种，不到总数的

1/10，主要有燕鸥、黄金鸻、白鹤、勺嘴鹬、绒鸭、雪雁、贼鸥、信天翁等。

北极鸟类（张正旺 摄）

北极燕鸥

北极燕鸥有着尖尖的翅膀和长长的尾翼，其长喙和双脚呈鲜红的颜色，头部呈黑色，身上的羽毛呈灰白色。从上面看，它和海洋的颜色融为一体，身体下面的羽毛都是黑色，海里的动物从下面往上看，难以发现它的影踪。北极燕鸥体小而矫健，具有非凡的飞行能力。它在北极繁殖，一到冬季，就飞到南极地区，每年在两极之间往返一次，行程达数万千米。

北极燕鸥不仅飞行能力非凡，而且争强好斗，勇猛无比。虽然它们邻里之间经常争吵不休，但一遇到敌人入侵，它们就会一致对外。它们经常聚成大群，就是为了集体防御。狐狸喜欢偷吃北极燕鸥的蛋和幼崽，但在强大的群体面前，也不敢轻举妄动，往往是望而却步。当北极动物或人靠近北极燕鸥的栖息地时，它们会"先发制人"，高高跃起，轮番攻击，尖叫着并从空中向入侵者俯冲过来，用它那坚硬的喙，向敌人的头部啄去，驱赶敌人离开它们的栖息地。

北极燕鸥（张正旺 摄）

北极白鹤

　　北极白鹤是世界上最大、最引人注目的鸟类之一，它身高1米多，翅膀宽约2米，体重达7～8千克。北极白鹤除翼的主要飞羽为黑色外，成年鹤全身羽毛为白色，它们的嘴和脸的表皮及两腿都为砖红色。

　　北极白鹤每年5月底飞到繁殖地开始筑巢。6月初产卵，一次产1～2个呈绿色带有褐色和粉红色斑点的大蛋。雄雌白鹤共同担任孵卵的任务，1个月左右，雏鸟破壳而出，在父母的保护下长大。8月底至9月初，北极白鹤飞往南方，大约1个月后飞到印度、巴基斯坦和中国等地越冬。

　　刚出世的幼雏全身是浅褐色的绒毛，数小时后开始觅食，到秋天，幼鹤长到成鸟的大小，全身羽毛为灰色，到第二年春天，它们全身几乎就是纯白色的了。

　　白鹤以草、茎、嫩草和野果为食，有时也吃旅鼠和河湾湖泊里的小鱼。

北极白鹤主要在两个孤立地带繁殖——雅库特的东北部和亚纳河与阿拉泽雅河间的森林冻土带，另有少量分布于西伯利亚的沼泽林区、孔达河和索西瓦河流域。

北极白鹤同其他鹤一样喜欢跳舞。

白鹤

勺嘴鹬

勺嘴鹬6月初来到北极，求偶的雄鹬高悬空中，不时地扇动双翼，一边发出动听的啼鸣，一边寻机向地面降落。勺嘴鹬筑巢地区是干燥的平原冻土带，这里遍布着小河、小溪和湖泊。

幼雏脱壳出世时，全身浓密的浅褐色绒毛，周身一干便能自食其力，在杂草丛中捕食蚊虫和其他小昆虫。在勺嘴鹬的家庭里，雄鹬几乎承担了所有的家务：筑巢、孵蛋、养育幼雏。雄雌鹬对幼鹬精心照料，经常用身体温暖它们，遇到危险时，它们能舍身保护自己的孩子。

勺嘴鹬的故乡是楚科奇半岛和阿纳德尔湾的狭长海岸带，8月中旬就启程飞往南方越冬地。它们的越冬地是东南亚的越南、缅甸和东印度。秋天和春天，在堪察加半岛、萨哈林岛、中国和日本能见到迁徙途中的勺嘴鹬。

至于勺嘴鹬那奇异的喙究竟有什么用处，迄今还不太清楚。

勺嘴鹬

雪雁

雪雁身披洁白的羽毛，黑色的翼尖点缀其中。雪雁喜欢结群，从数只至几千只不等。

每年5月下旬，雪雁飞抵阿拉斯加的北极海岸平原，开始筑巢繁殖。巢区通常选择在苔原带地势较高处，里面敷上杂草，6月初产下一窝卵，每窝4～6枚，孵化期22～23天。小雁破壳而出后，雌雁便带着幼雏迁至小河、小溪边，寻找一个隐蔽场所来逃避天敌的捕杀。在此期间，许多雪雁自动联合成一个群体，数量可达150～250只。小雪雁在母亲的辛勤抚育下，35～45天后即可展翅高飞。

那些不在繁殖期的雪雁会远离繁殖群体所在的小河流、小溪边，到一个更加安全的区域开始换毛。雪雁的飞羽是一次性全部脱落，在这个时期内会完全丧失飞翔能力，所以雪雁必须隐蔽在湖泊草丛中，以防敌害的捕食。

8月末，雪雁聚集一堂，稍加停顿，就开始了飞往越冬区的征程。

雪雁坚硬的喙很适于挖掘地下植物的根，它们主要以植物为食，在北极主要食取薹草属植物、杂草和木贼属植物；在越冬区，主要食取谷物和庄稼的嫩枝。

雪雁

在黑暗的夜空中，突然出现红色、绿色和黄色的光带，摇曳飘舞，美丽多姿，简直无与伦比，其美妙难以形容。它的来临往往寂静无声，有时不免使人骇然一惊。

极光的名字来自古罗马神话中的黎明女神，她驱散夜晚的黑暗，把光明抛向人们。它的形态和色彩随着时间、地点和太阳活动等多种要素而变化多端，有时从暗淡、宁静的极光到色彩鲜明、激烈运动的极光，在严寒的大地上空展现出一幅百花烂漫、争妍斗艳的画面，有时漫不经心地变化着，有时会突然变弱而隐去。这是极光演奏的夜空交响乐，虽没有声音伴随，也没有气味，但它的宏大、庄严、华丽是其他任何自然现象无法比拟的。

极光像是挂在极地夜空的窗帘，一般高度达90～110

千米，有时高达200千米以上，水平方向长从数百千米到100千米，宽达100～500米。

极光出现的时候，地球的磁场会发生紊乱，这个现象在200年前就被发现了。极光是高空大气物理的重要研究对象，它是太阳风的等离子体被地球磁场捕获，进入地球高空大气，激发大气分子、原子和离子引起的发光现象。白天也有极光发生，只是肉眼看不到而已，但伴随的电磁现象仍在发生，这样的极光叫无线电极光。

极光

极光成因与地球大气层

地球上的大气密度，从地面到大约120千米的高度，大体按一定比例减少，这个区域叫大气层，在这个区域中，大气是不安定的，但超过这个高度，温度上升速度变快，大气的组成和性质也发生了很大变化。

大气层中从地面到10～12千米的区域称为对流层，每升高1千米温度下降6.5℃。降雪、暴风雪等全都是在对流层发生的现象。从对流层顶以上到50千米左右的一层称为平流层，在平流层吸收从太阳发射的紫外线中波长短的紫外线，大气温度随高度的增加而上升。平流层顶以上到80千米高度是温度两次下降的区域，叫中层。

高度70～400千米的离子和电子被电离的区域称为电离层。电离层中的电子密度和它的分布高度根据季节、太阳高度、地球纬度的不同而变化。电离层被分为D层（65～80千米）、E层（80～150千米）、F1层（150～

300千米）、F2层（300千米以上）。

太阳爆炸发生黑子数增多的时候，在地球上发生电波障碍，无线电通信中断，这种现象是由于太阳爆炸使得D层附近的电子密度增加，吸收了地面来的电波导致的。

极光的发光主要在E层。在E层下部相当于80~120千米的区域分布的离子和中性粒子相互之间反复地激烈撞击，变成不稳定的状态，从外部来的带电粒子高速沉降而产生极光。

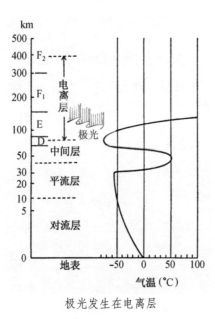

极光发生在电离层

高于120千米以上高空的区域叫磁层。磁层会伸缩，日侧约6万千米，夜侧达60万千米。磁层的质子和电子的分布受磁场影响。地球的磁场是北极和南极对称的双极子磁场，但这个对称性延伸到2万千米高，其外侧由于太阳的影响而发生变形。

极光出现的地区

极光，从字义上便知道是发生在极区的自然现象。那么在北极和南极必定能看到美丽的极光吗？其实除了在发生大规模磁暴的时候，极光现象通常出现在一个叫

北极光

极光椭圆带的特别区域中。

以磁极为中心，日侧在地磁纬度77°—78°以下，夜侧在68°—70°以下的那个椭圆形带是极光出现频率最高的区域。地球在这个极光椭圆带的下面每天转一次，这个极光椭圆带随着磁暴的大小而变化。大磁暴时，极光椭圆带扩展到更低纬度。

极光出现的区域为什么成椭圆形？极光粒子沿着磁力线沉降到地球高空大气，其沉降点日侧离磁轴极约15°，即地磁纬度75°左右，夜侧离磁轴极25°，即地磁纬度65°附近。这是由于日侧磁层受太阳风压缩，磁力线向磁极方向偏移，夜侧磁力线受太阳风牵引向低纬度方向偏移。磁层的结构是极光粒子流入特定区域的发生机制。

在北极极光出现时，在磁力线另一端的南极也出现同样的极光，具有相同地磁经纬度的南北半球的两个点叫地磁共轭点，在地磁共轭点上同时进行的极光观测叫共轭观测。

极光的光和色

极光现象常发生在90～200千米的电离层，主要在E层和F1层。在这附近大气尽管稀薄，但存在大气。

磁尾储存的极光粒子，在磁层受到什么样的扰动后沿着磁力线高速沉降到电离层呢？极光粒子与组成大气的分子和原子发生激烈碰撞，因上层大气稀薄，这样的碰撞多发生在电离层的下层。多次碰撞的极光粒子逐渐失去能量，到某一高度后不再沉降，这个高度就是极光的下边缘，通常在90～110千米附近。被碰撞的大气分子、原子、离子从碰撞中得到能量，跃迁到比平常更高的能态。把分子和原子这样的状态叫作激起状态，受激发的分子和原子非常不稳定，将释放多余的能量回到稳定状态。这多余的能量以光能的形式释放，形成极光的发光现象。极光的发光原理像我们每天都看到的霓虹灯发光原理一样，即高速带电粒子注入霓虹灯管与其中的气体发生碰撞而导致发光。

氧原子发出黄绿色和红色的光，氮分子发出粉红色的光，氮离子发出蓝紫色的光，电离层存在各种气体，可发出各种各样特有颜色的光，这便构成了极光绚丽的色彩。特定的气体，通过特定的反应，可发出特定色彩的光。根据极光的光谱分析，能反演电离层内存在什么样的气体，发生什么样的反应。极光是各种各样波长的光叠加在一起的结果，将光分成不同波长光的分析方法叫光谱分析法。

经常出现的极光是黄绿色的，光谱分析中这个光的波长为5577埃，这是受激励的氧原子发出的光。除了波长5577埃的光外，氧原子也能发出波长为6300埃、6364埃的红光，因此氧原子是产生红色极光的主要原因。

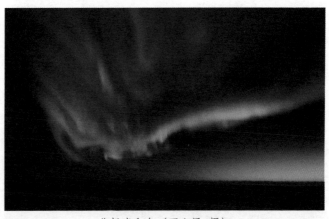

北极光和色（夏立民 摄）

在北极和南极能看到形状相同的极光

极光是高速带电粒子从地球的磁层沿着磁力线投射到北极和南极上空的超高层大气时引起的发光现象，因此在被一根磁力线联结的南北半球的点上观测，一般能同时看到同样形状的极光。不过在共轭点对极光的活动进行大量详细调查后发现，其亮度、形状、出现的地点等未必一致。

对于在南北两半球看到同样极光的共轭性，目前我们已经知道的有：①地磁活动弱、静、稳定时，共轭性最好；②地磁骚动时，极光暴激烈发生，共轭点活动复杂，找不出一对一的对应关系；③极光亮度在地球固有磁场弱的地方较强。

引起南北出现不同形状的极光和出现地区非对称的原因为：①地球内部磁场南北不对称；②太阳风形成的地球磁层南北不对称；③沿着连接磁层和电离层的磁力

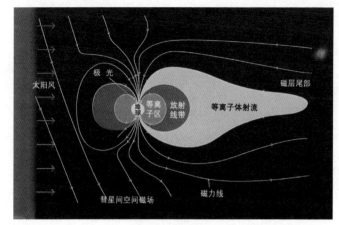

极光的原理

线流动的电流南北不对称；④位于3000～10 000千米附近的加速区南北不对称。另外，极光本身的非共轭性也是其中的原因之一。为了阐明南北极光为什么出现非共轭性和分析极光发生的机制及其联系，进行共轭点观测是一种重要的研究方法。

北极阴霾

从20世纪50年代开始，北极的上空经常出现一种低空云团，像一团烟雾。近些年，烟雾越来越浓，这个云团就是目前常被提及的"北极阴霾"，简称北极霾。

北极霾是北极地区独特的大气污染现象，它是由水蒸气、冰晶和悬浮在空中颗粒很小的固体飘尘、粉尘组成。固体飘尘的主要成分是硫的氧化物和重金属化合物，此外，还有碳的氧化物、氮的氧化物和碳氢化合物。它是人类燃烧煤和石油及冶炼硫化物矿产生的。由于北极冬季存在稳定冷高压，云团在空中持久不散，当云团与中纬度地区飘移过来的固体飘尘、粉尘等污染物结合，就形成了北极霾。北极霾能散射太阳光，降低能见度，打破北极地区的日－地热辐射平衡。

监测结果认为，北极霾中的固体飘尘大部分来自北半球的工业国家，或者说是环北冰洋的工业化国家。

分析格陵兰的冰芯证实，当欧洲的二氧化硫排放量增加时，北极大气污染也相应地增加。这说明欧洲工业国家是北冰洋大气重要污染源之一。

北极霾已存在70多年，趋势越来越严重，并且开始危害北极的植被，破坏了北极的生态环境，对人类和动物的生存构成了很大的威胁。

大气烟雾和云的关系

由于对流层的云吸收太阳辐射和地球的红外辐射，使大气的辐射平衡受到很大影响。云形成的凝结核，除了水蒸气外，还有悬浮的颗粒。最近几年，影响云的烟雾粒子特性也受到研究者的关注。工业革命以后，由于大量的燃烧活动，来源于人类活动所产生的烟雾粒子排入大气中，使云凝结核的数量和大小分布发生了变化，也使云的反射率、寿命、降水率等特征有了很大的改变。但人为产生的烟雾对云的影响特性很难定量，这是评价气候变化存在误差的主要原因之一。

为了调查极区云的特性，研究人员在斯瓦尔巴群岛使用微脉冲激光进行连续观测，发现在5千米高度附近有浓的烟雾层（淡褐色层）缓慢地变化成云，最终伴同降雪云成长。北极地区的春季，中低纬度的人类活动和森林火灾产生的烟雾也会随气团移动进入北极地区，对极

北极小百科

区环境产生影响。观测结果揭示了淡褐色层对云的生成产生了作用。南极由于远离人类居住的大陆，云雾的形成大都属于自然过程。因此，通过对比两极的烟雾、云的特性及其关系，对有关烟雾对云特性的间接作用的认识将会有新的突破。

大气污染

北极臭氧空洞

大气中的臭氧是紫外线作用于氧分子和相应的氧原子，使氧分子和氧原子结合形成的。臭氧大部分存在于平流层（10～50千米高度上），通常，其最大密度位于大约20千米的高度。臭氧的总量不到地球大气分子数的百万分之一。由于臭氧能吸收太阳光中危害生命的紫外线，因此扮演了地球生命保护神的角色。

1985年，英国科学家首次报道了南极上空发现了臭氧空洞现象，引起了全球的关注。不久之后，北极上空也被报道发现了臭氧耗损。

为什么臭氧在南北极最易受到耗损呢？研究证明，人类活动大量用作制冷剂和雾化剂的氟氯烃，在平流层中经光分解成氯原子，氯原子使臭氧分解。在北极上空20千米的高度，因温度非常低易生成云，这种云加剧了氯的催化作用，使臭氧耗损，臭氧层减薄。有人认为，北极上空的臭氧耗损现象，有可能是大气环流把低纬度低臭氧浓度的气团带到北极上空。

美国航天局曾报道，北极上空的臭氧水平每年在3月达到低点，并观测到1997年和2011年是有记录以来北极上空平流层的臭氧浓度最低的年份。欧洲航天局报道了2020年3月初在北极上空发现罕见的臭氧空洞，其覆盖面积大约是格陵兰岛的3倍。北极上空的极涡面积大约是1500万平方千米，是冬季在北极上空盘旋的一个冷气团，几乎覆盖整个北冰洋。全球变暖可能会促使北极冬季变得更加寒冷，因为温室气体的增加会把辐射热量禁锢在大气较下层，而较高层的温度就会变得更低。但如果全球气温继续升高，北极极涡将被打破，臭氧消耗殆尽的空气将与低纬度地区富含臭氧的空气混合，这时臭氧洞也就消失了。

专家也担心，如果北极的臭氧耗损不断扩大，变成臭氧洞，那么太阳的紫外线将长驱直入，给生活在北极南边的人口密集的居民带来危害。目前，各国科学家正在利用各种手段进行臭氧耗损的机制及活动规律的研究。

北极和地球变暖

世界气象组织于2016年10月24日在日内瓦发布公报称，2015年全球二氧化碳平均浓度首次超过百万分之四百这一"里程碑"纪录。报告称，1990—2015年，来自工业、农业和家庭活动的二氧化碳、甲烷和氧化亚氮等长寿命温室气体，使导致气候变暖的"辐射强迫"效应上升37%。具体而言，2015年全球二氧化碳平均水平为工业化前的144%，2014—2015年，二氧化碳的增加值大于2013—2014年和过去10年增量的平均值，并认为未来几十年大气二氧化碳浓度将整年保持在百万分之四百以上。

每年人类活动排放的二氧化碳，除了植物光合作用和海洋吸收外，大约有一半滞留在大气中。但在全球碳收支平衡时，发现人类活动排放的二氧化碳中有15%～30%不知去处，这就是目前科学家常提到的"碳丢失"问题。有人认为，极地的海洋可能是寻找二氧化碳丢失的一个关键地区。

化石燃料的消耗在排放出大量温室气体的同时，也会释放出硫酸盐气溶胶，北极格陵兰冰芯分析表明，19世纪中期后，北半球的硫酸盐增加，进入20世纪后，黑碳也增加。硫酸盐和黑碳散射太阳光，会使地球表面温度降低。化石燃料的消耗使北极烟雾增加，因此预测地球温暖化必须考虑上述因素。

　　近些年对格陵兰冰芯和大西洋海底取样的研究表明，在冰期数十万年中，温度升高5～7℃的情景发生了20多次，造成北美发育的冰盖崩塌，分离出大量的冰山，北大西洋冰山和大量的冷水一起流出形成大西洋深层水，它随大洋传输带环绕地球进行。温暖的墨西哥湾流北上引起的不仅是北极地区，而且是整个地球的大尺度温暖化。因此，这种急剧的温暖化，主要是由大洋传输带变化驱动产生的。

　　北极的海洋在很大程度上支配着地球的气候，由于温暖化，从北极海洋里蒸发的水蒸气增多，从而在北大西洋的降水量增加，海水盐分浓度减低，北大西洋深层水的驱动力减退，墨西哥湾流北上衰弱，引起以北大西洋为中心的地球寒冷化。温暖化使北极海冰面积减少，开阔水面增加，二氧化碳吸收量增加，温室效应减弱。

温室效应对北极地区的影响

温室效应使全球变暖，预测北极苔原面积将缩小，森林将沿海岸线北上进入苔原地区。因为气温变暖，生长季延长，导致生态系统中动植物群落组成改变。气候变暖将造成陆地和海洋哺乳动物迁徙路线发生改变，将影响土著居民的生活。鳕鱼和其他鱼类会因气候变暖而迁移数千千米，可能会改变北冰洋生态系统。

美国在北极、南极、夏威夷、萨摩亚群岛的四个监测站的测试数据表明，1981—1989年，四个站中北极站的二氧化碳浓度增加的最快。这表明全球环境变化对北极会产生特殊的影响。

最近，瑞典科学家报道，在北纬79°新奥尔松的齐柏林山上的世界大气背景观测站上发现，北极高纬度地区大气中的二氧化碳正在不断升高，20世纪90年代初每年增加百万分之一，90年代末增加百万分之二，而进入21世纪则每年增加百万分之三。2013年4月突破百万分之四百，近年来更是每年以远超百万分之三的速率增长着。

全球变暖将导致格陵兰冰盖的迅速消融，从而造成全球范围的海面上升。因为气候变暖，北极冬季变短，多年的海冰减少，使原来冬季在海上进行的石油钻探面临极大的挑战。消融的冻土层可能对输油管的铺设和设施建设造成不利影响。受气候变暖的影响，北极地区春季的洪水会更频繁、更大。

北极消融中的浮冰

北极变暖放大器

在过去30余年，北极的气温呈现明显的持续增暖趋势。21世纪以来北极的增暖幅度约为全球平均值的2倍，因此，这种全球变暖在北极被放大的现象也被称为"北极变暖放大器"。

北极增暖的关键问题是热量从何而来。由于近年来太阳活动没有明显异常，北极增暖不可能是由地球之外的因素引起的，那么只能来源于地球系统内部。人们最早想到了可能是低纬度更多的热量进入了北极地区。然而，多年的观测结果表明，来自低纬度的热量确有变化，但对北极增暖的贡献并不明显。因而，北极增暖的热量只能来自北极自身额外获得的能量。

那么，北极自身额外获得的能量的机理是什么呢？

人们研究了各种可能的反馈过程，主要是冰雪反照率反馈、水汽反馈和云辐射反馈等3种。研究表明，水汽的作用并不构成正反馈。因为冰面的水汽总是处于饱和状态。云是直接影响太阳辐射的因素，其反馈作用最令人关注。云的反馈是很多反馈的组合，包括云分布、云中水含量、液滴大小、云温度、降雨、相变等多种过程引起的反馈。1982—1999年卫星遥感得到的云数据表明，北极春季和夏季云量增大，而冬季云量减小，但是总体来看，云的变化也不是引起海冰减少的主要因素。越来越多的研究表明，北极增暖的反馈主要诱因是由冰雪反照率的反馈作用引起的。其机理是，海冰减少导致海洋吸收热量增加，这些热量释放给大气，引起气温升高。后来将这种反馈更为准确地称为海冰-气温反馈。

北极海冰范围和密集度减小使得冰间水道增加，穿过冰间水道进入海洋的太阳辐射能增加，导致海洋获得了更多的热量，是"北极放大"过程的主要能量来源。过去30年的海冰减退极大地改变了北冰洋上混合层的热收支。数值模拟的结果表明，北冰洋上层海洋在21世纪增暖能量的80%来自海表面的热通量。北冰洋的海表面温度从1995年左右开始出现升温，2000年之后更为突出，2007年夏季的海表层温度距平高达5℃。在几乎全部被海冰覆盖的北极中央区，夏季海洋的上50米层也有显著增温，混合层的温度能够高于冰点0.4℃。北极季节性无冰区面积年际差异很大，导致海-气间热通量发生较大的季节性和年际波动，对整个北冰洋热含量长期变化的贡献率接近1/3。

"北极放大"的气候效应

　　"北极放大"的气候效应主要是指，"北极放大"现象对气候变化所产生的反馈作用，及其对全球气候变化所产生的影响程度。

　　"北极放大"的气候效应存在直接和间接两种效应。直接效应是指对北极地区产生的直接反馈作用，也称为海冰-反照率正反馈作用。夏季北极空气温度高于海水温度，更多海冰融化导致产生更大开阔的水面，使海水吸收和储存更多的太阳辐射能。其后冬季变暖的海水会增强对近地面的加热作用，导致近地面升温，更高的气温使得海冰进一步融化，这一系列过程形成了一个"海冰-反照率的正反馈"。

　　"北极放大"的气候间接效应是指其对大气环流和大洋环流异常的响应与反馈作用。

　　冬季大气环流异常导致向极的水汽和热量输送增强，长波辐射增加，其在1979—2011年冬季大西洋一侧的北极海冰减少中占到约50%的贡献率。而在2016年1—2月北极极端偏暖事件中，极涡减弱、南风增强导致的向极输送作用增强也是其主要原因。还有研究表明，冬季西伯利亚高压主体北部加强和北移也有利于温暖空气向极输送而进一步导致北极增温。

除了大气环流的作用，洋流的向极热量输送对北极放大也有重要贡献。最近几十年通过北冰洋弗拉姆海峡进入北极的大西洋海水明显偏多、偏暖，这在过去2000年的历史上都没有出现过。大西洋海水携带的大量热量在北冰洋释放，导致北极增温和加速海冰消融。大西洋

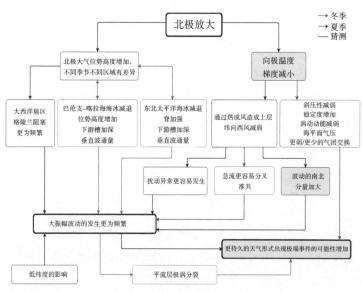

"北极放大"的气候效应

水的流入和海冰消融都会导致北冰洋海水的混合层和盐跃层结构发生显著变化，使得海水内部的混合增强，海洋向大气的放出热量增多，进而引起北极地区升温。另外，太平洋海温的年际变化以及热带太平洋海温异常也是驱动北极大气环境变化的重要诱因之一。

夏季北极海冰的大范围减少以及秋冬季北极海冰的延迟恢复也会引起冬季大气环流的变化，这种环流变化使得北半球中高纬度阻塞形势出现的频率增加，进而增加了冷空气从北极向北半球大陆地区入侵的频率，造成北半球大陆地区出现低温异常。

也有研究表明，最近几年北极海冰快速减少引起的大气环流异常响应并不是传统的北极涛动模态，也不是稳定的偶极子异常模态，而是一种更为复杂的大气环流异常，这导致了近年来北半球极端降雪和严寒的频发，如果北极海冰继续减少，我们很可能会在冬季经历更多的降雪和严寒天气。

北极温度的变化

　　科学家利用红外线观测收集了北极地区20多年的温度资料，通过分析表明，北极除了个别地方，例如格陵兰，它的平均气温略有降低外，北极温度改变的总趋势是绝大部分地域和季节普遍变暖。现在北极春季到来得早，而且更加暖和；温暖的秋季持续的时间延长。经研究发现，在过去的100年间，北极地面出现比较大的变暖有8次，近几十年来，北极是全球地表气温增暖最剧烈的地区，达到全球平均增温幅度的2倍以上。

　　北极变暖对海洋的活动影响很大，液态水吸收的太阳能比冰反射到大气的多，温暖的海水和变薄的冰使它们能更多地吸收太阳辐射，这样的正反馈作用会引起海冰进一步融化，并使下层海水的温度变暖，进而影响海洋环流和盐度。

　　随着高纬度地区变暖和海冰的退缩，被冰冻层封住

北极小百科

的二氧化碳和甲烷气体随着北极土壤的解冻，会更多地被释放出来。而在北冰洋海底，由于上覆海水变暖，沉积物中的气体也可能更多地被释放到大气中。这些气体在大气中都扮演着"增温"的角色，促使气温升高。当然这种反馈过程是错综复杂的，需要人们进一步去研究了解，以期揭开其内在秘密。

北极小百科

北极夏季海冰会消失吗

2020年9月15日，卫星观测到北极海冰的覆盖面积为373.7万平方千米，是自1979年有卫星记录以来海冰面积第二小的年份，2012年9月16日观测到最低值，为341万平方千米。有研究预测，到21世纪中叶，北极将出现夏季无海冰的状况！

统计表明，1979—1996年，北冰洋海冰的范围每十年缩减率为2.2%，海冰也在持续变薄，每十年的变薄率为3.0%；然而，1979—2007年，海冰的缩减率和变薄率分别增大到每十年10.1%和10.7%。1979—2012年，夏季北极海冰范围以每十年3.8%的速率快速减小，其中多年冰的减小速率更加明显，达到11.5%。这相对1979—2000年的平均值减少了约45%，减小达273万平方千米。自2007 年以来，每年夏季北极海冰范围的最小值均小于2007 年以前的观测值。

格陵兰

2020年9月北极海冰面积

　　冰厚度是海冰物理学中度量海冰状态的关键参数，其乘以海冰面积，能反映研究区域的海冰体积。2003—2008年的海冰平均厚度减小了约1.6米。2010—2012年，北极海冰体积进一步减小了约14%。多年冰体积的变化在北冰洋海冰体积变化中扮演着重要的角色，在2010—2012年期间，秋季多年冰体积减小了约31%。

　　海冰运动会影响海冰厚度的重新分布，从而影响大气–海洋之间的能量和物质交换。随着北冰洋海冰范围的减小，密集度和厚度也会减小。当极区气旋活动增多，北冰洋海冰运动速度也有加快的趋势，从而增强了海冰的形变，降低了海冰的力学强度。当这些因素正反馈于海冰变化时，会使海冰变得更加薄，并趋于变成一年冰。海冰的减少，尤其是多年冰的减少，很大程度上都与海冰从弗拉姆海峡等边缘口门输出后，在生长季得不到足够的补充有关。

弗拉姆海峡海冰输出引起的淡水输出约占北冰洋淡水输出量的25%，会对北大西洋深层水形成和全球的热盐环流产生影响。1979—2011年，海冰从北极中心区域至弗拉姆海峡不存在显著的长期变化趋势。观测发现，北极偶极子与海冰输出时间也存在着显著相关性，当北极偶极子增强时，会增加北极海冰向大西洋的输出量，这将加快整个北冰洋海冰的减少。

北冰洋对全球的反馈作用

北极地区作为地球的两大冷源之一，对北半球的气候有着重要影响。北极的寒流通过西伯利亚高原向南输送，自古以来一直影响着我国。北极这个大冷库也会对北美和北欧的国家产生显著影响。

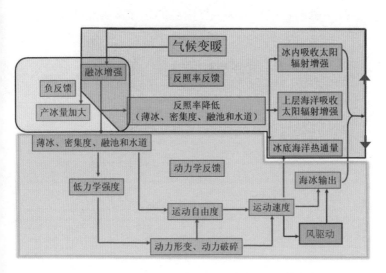

"北极放大"效应对北冰洋快速融冰的正反馈作用

北极和南极一起通过日-地辐射平衡、大气对流和大洋环流来控制着全球的热量平衡。

白色的冰雪以高出海水许多倍的反射率平衡着地球系统对太阳能的吸收。在极区，海冰与海水面积的比将决定该区日-地辐射平衡，直接左右着全球气候变化。例如，温度升高导致海冰面积减小，海水面积增大，地球吸收的总热量增加，全球变暖的趋势也在增加。

全球变暖导致极地冰盖消融，从而引起海平面上升。与南极的巨大冰盖相比，相对较小的北极格陵兰冰盖对全球变暖的反应虽然与南极冰盖相差甚远，但其消融的速率却很快，格陵兰的总冰量明显减少，造成海平面上升。

上述这些由于全球变化引起北冰洋的变化，反过来将对全球产生影响。

北极变化对中国气候的影响

近20年来，随着全球增暖，北极海冰持续减少，北极对全球增暖的放大效应越发突显，从而加强了北极与中低纬度之间的联系，加大了大气环流季节变化和年际变率，导致了极端天气气候（甚至灾害）事件的发生。

事实上，秋、冬季节北极海冰异常偏少，既可以加强西伯利亚高压，也可以导致类似亚洲—北极遥相关（又称大气遥相关，即相距数千千米以外两地的气候要素之间达到较高程度的相关性）型的负位相出现，而后者对应减弱的冬季风。研究者等利用区域耦合气候模式，研究了冬季大气环流对晚夏北极海冰偏少的响应，结果表明，模拟的冬季大气环流响应对区域海冰异常的位置、强度以及分析的时段非常敏感。北极海冰强迫的数值模拟试验也支持这一结论。

同样，秋、冬季节北极海冰异常偏少对东亚冬季的影响效果也迥异，秋季北极海冰越是偏少时，越有利于冬季风的加强。因此，北极海冰异常偏少时，东亚冬季风偏弱，气温正常偏高，这并非意味着海冰强迫不起作用，而是受多种因素如大气响应的强度和位置不同的影响。

我国科学家分析研究了北极海冰面积和长江中下游地区梅雨各特征量之间的相关关系，发现北极海冰对未来3～5年的梅雨预测有指示意义，而梅雨对下一年北极海冰有显著的遥相关，这反映了北极海冰与东亚大气环流间的交互作用。

北极的冰面

大气对流和大洋环流

　　大气对流和大洋环流是地球系统内影响全球气候变化最积极和最活跃的因素。从全球范围来看，大气和大洋循环系统就像是一架巨大的热动力机器，其热量主要来自太阳辐射。一方面，赤道附近的热空气上升，从高空流向两极，下降后又从两极流回赤道；另一方面，两极强大的洋底冷水向低纬度区流动，而赤道暖流又从海洋表面向两极汇聚，从而形成了全球性的大洋环流。因此，人们把赤道地区称为热源区，简称为"源"，把两极地区称为热汇，简称为"汇"。

　　大气对流和大洋环流都是全球规模的，但是由于二者有序度很不相同，所以它们的易变性、活动性、惯性差别很大。因为气体分子相对液体和固体的有序性低，所以大气圈最活跃，也最容易失去稳态而发生突变，它的时间尺度从月、季到若干年。一般来说，大洋环流的时间尺度是10～100年，介于大气圈和岩石圈之间。

无冰的北冰洋对碳的吸收能力

长期以来，科学界一直认为由于北冰洋全年几乎都被海冰覆盖着，故北冰洋对大气二氧化碳的吸收量等于零。

研究发现，全球气候变化引起北冰洋环流模态异常，北冰洋海冰覆盖面积快速后退驱动着太平洋冬季水的大范围入侵，导致西北冰洋次表层高含量的溶解无机碳和低水平的文石饱和度（$\Omega_{文石}<1$，表明钙质生物中的钙会丢失）的水体快速扩张。伴随着海盆次表层太平洋冬季水储量的增加，碳埋藏通量将同时增加。然而，海盆区次表层观测到的碳储量增加可能是由于冬季期间陆架水的输入导致。

跟随海冰溶解全过程，发现从海冰覆盖、溶解到完全溶解等三种状态下的表层海水二氧化碳浓度会出现一种"低—低—高"的现象，因此中国科学家提出了北冰洋快速融冰过程表层海水二氧化碳分压水平"低—低—

高"的假设。在海冰完全覆盖下的海区，冰下海水出现"低"二氧化碳分压水平，这可能还受控于海冰微孔隙间冰-气二氧化碳交换的降碳过程及冰下附着的冰藻的吸碳过程等调节作用；海冰融化引起生物生产力增强和融冰过程中伴随着碳酸钙溶解的协同驱动是造成刚融冰表层二氧化碳分压"低"水平的主要诱因。此外，刚融化海冰中的冰藻等微生物在阳光的照射下变得活跃，并快速生长，生物作用增强，加上融冰过程中海冰中的碳

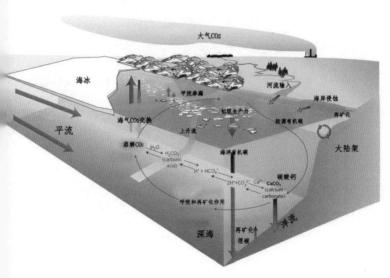

北极碳循环

酸钙发生溶解，二氧化碳被消耗，以上二者共同作用是导致刚融冰状态下表层海水呈现"低"二氧化碳分压水平的主要诱因。然而，开阔水域在融冰后，太阳辐射增强，海水温度升高，二氧化碳溶解度降低，表层二氧化碳分压上升，加上海区由于低生物生产力和融冰的分层作用，使得表层二氧化碳难以往下层转移，因此大气中的二氧化碳快速入侵机制驱动是导致融冰后开阔水域表层"高"二氧化碳分压水平的主要因素。另外，海冰融化稀释作用和大气中的二氧化碳快速入侵，表层水中的二氧化碳分压水平上升，引起 $\Omega_{文石}$ 和pH的大范围下降，同时促进酸化的表层水体进一步扩展。现场观测的结果显示，在北冰洋快速融冰条件下，表层海水二氧化碳分压水平发生了明显的变化。

认识不同融冰状态下的表层海水二氧化碳分压水平的分布规律性及主要驱动因子，将有利于改善基于卫星遥感的快速融冰情景下北冰洋表层海水二氧化碳分压大尺度模拟和降低极区碳源汇格局评估的不确定性。

全球海洋酸化正以亿年级到百年级再到21世纪的十年级的速度发展。

在工业化前的5500万年里，全球平均海水酸碱度（pH值）从8.3变到8.2，而从刚工业化（1840年）的8.2下降到2010年的8.1只用了170年时间。预测今后pH值每下降0.1只需要20年时间，到21世纪末将会再下降0.3～0.4，即全球海水的平均pH值将突破8，掉到7.7。

海洋酸化是由于海洋过量吸收人为排放到大气中的二氧化碳，使海水中的碳酸浓度升高，改变了海水碳酸盐系统缓冲能力，促使海水加速酸化。

从1999年的中国首次北极科学考察开始，中国科学家就开展了北冰洋酸化和碳循环研究，集成了20年的观测数据，发现北冰洋酸化水体面积以每年1.5%的速率增长，预计到21世纪中叶，酸化水将充满深达250米的整个北冰洋水体，其扩张速率比在太平洋或者大西洋观测到的结果还要高4倍以上。

因此，北冰洋领跑着世界大洋的海洋酸化速度，被认为是全球海洋酸化的"领头羊"。

北极地区是全球对气候变化最敏感的地区，过去20年出现了快速变化，其平均升高的温度是地球平均升温的2倍多，北极快速变暖产生了放大作用导致北冰洋海冰快速融化，每年夏季2/3面积的海冰融化，使开阔水域高达1000多万平方千米，比我国大陆面积还要大。预计到21世纪中叶，夏季整个北冰洋将达1350万平方千米无海冰，这将导致大量的人为二氧化碳通过大气进入北冰

北冰洋酸化预测示意

洋，使上层水体的酸碱度降低。

　　随着北冰洋海冰覆盖面积快速后退，20年来北太平洋入流水量增加了50%，携带着北太平洋深层"腐蚀性"的酸化海水大范围地入侵到北冰洋表层，并与表层充分混合，导致250米以上水体进一步酸化。

　　另外，北大西洋的酸性水体在向北冰洋输送过程中，溶于海水的二氧化碳不断增加，海水酸碱度和碳酸钙饱和度持续下降。有人预测，北冰洋中层水体会在2105年左右碳酸钙处于完全不饱和并持续约600年；而深部会在2140年左右碳酸钙处于完全不饱和且持续千年。因此，北冰洋的酸化将处于长达几百年乃至千年的长期不可恢复期。

　　北冰洋快速酸化将对海洋生物造成重大影响，尤其是蛤蚌、贻贝、海螺等钙质外壳生物将更难形成或维持其外壳。翼足目类海螺是北冰洋食物链中重要的一环，是北极三文鱼和鲱鱼重要的食物，其总量下降将对北冰洋生态系统造成严重影响。

　　北冰洋酸化呈现"领头羊"作用，其根源是北极变暖放大了海冰快速融化，大气二氧化碳增加及快速侵入表层水，太平洋和大西洋酸化水体输入北冰洋增加和

北冰洋为何是全球海洋酸化的领头羊

快速扩张等全球变化的多因子协同作用结果，也与全球气候变化有紧密关系。因此，要抓住这只狂奔的"领头羊"，减缓全球海洋酸化的速度，治理的根本措施还是要以人类命运共同体为理念，坚定不移地执行《巴黎气候协定》，同心协力加强对气候变化威胁的全球应对，实现2009年在哥本哈根世界气候大会上提出的，与1750年工业化之前的水平相比，要在21世纪末把全球气温增温控制在2℃以内。全球尽快实现温室气体排放达峰，21世纪下半叶实现温室气体净零排放。

北极的冰间湖

　　位于加拿大东北部埃尔斯米尔岛、德文岛和格陵兰西海岸间的巴芬湾形成的冰间湖（海冰区内的开阔水域或者是薄冰区），是北半球最大的冰间湖。这个冰间湖早已被远古的伊努依德和瓦金的人知晓。17世纪初，威廉·巴芬向欧洲人介绍了该冰间湖。这个冰间湖在北极圈是最典型的高生产力生态系海区，它给周围带来比较温暖的微气候。冰间湖沿岸地区的居民也充分利用这个冰间湖，过着自给自足的生活。由于冰间湖水中的生物资源十分丰富，所以这里是许多海鸟和哺乳动物的索饵场、产卵地，并且将这里作为越冬的场所。这里存在着海鸟类、哺乳类和北极鳕鱼利用草食性浮游动物的食物链。这些生物资源支撑着北极熊和当地居民的生活。

　　有关初级生产过程还有很多不清楚的地方，为了搞清种种海洋过程及其相互间的关系，国际上开展了"国

北极冰间湖

际北极冰间湖计划"。加拿大从1997年开始进行了三年
现场观测；1999年，美国、加拿大和日本共同合作，利
用破冰船对该海域进行了航行现场调查。这些活动有助
于进一步了解北极和冰间湖的成因及生态系统。

加拿大海盆区的淡水湖

北冰洋的加拿大海盆区出现了一个巨大的淡水湖，其大小是位于东非高原的世界上第二大湖维多利亚湖（面积约7万平方千米）的2倍。

这个淡水湖位于加拿大西北部附近的波弗特流涡内，在波弗特高压的作用下，形成了大尺度的反气旋式环流（即波弗特流涡），使得那里的水按顺时针循环。

过去20多年来，这个淡水湖水量显著增加。

关于淡水积聚的原因，目前主要有两种观点：一种与表面强迫场的变化直接相关，即通过风场强迫驱动下的埃克曼（Ekman）输运积聚淡水；另一种是在地转层内由地转流带来的淡水输运的贡献。从物理作用机制上看，波弗特流涡系统长期在反气旋式应力涡度的自旋加速作用下，通过埃克曼输运，不断将淡水汇集到加拿大海盆。从加拿大海盆内部向海盆边缘的涡通量输运是平衡海盆内部埃克曼泵吸的重要因素。通过理论研究也更进一步揭示出盐跃层边缘倾斜度增加积蓄了重力位势能，从而引起斜压不稳定产生涡旋，对积聚淡水的释放起到了重要作用，涡旋的累积作用使得盐跃层趋于扁平，并有抑制盐跃层加深的趋势。最新的研究表明，淡水增加后所造成的地转流增强对埃克曼动力过程具有重要的调制作用，增强的地转流减缓了埃克曼泵吸和埃克曼输运的强度。

海洋淡水湖的出现对海洋环境、生态和气候将造成重要影响。经过长期的进化，大多数海洋生物都适应了现在海水中盐的浓度。但是浮游生物以及其他随海流漂游的小型海洋生物，却不能在淡水中生存，这些生物是北极食物链低端和中高端的基础，一旦它们无法存活，整个食物链将会崩溃，以它们为饵料的小鱼也会死亡，而吃小鱼的较大鱼类以及哺乳动物就失去了食物的来源，此时，即使是威猛无比的北极熊，也会有饿死的危险。

一旦这个淡水湖溃堤，把其储存的淡水向北大西洋大量输送，这对地球气候的影响将很大。世界洋流承担着输送热量的任务，其对盐水浓度十分敏感。因为淡水上浮到较咸海水上面，大量淡水的涌入可能会减慢海流和改变温

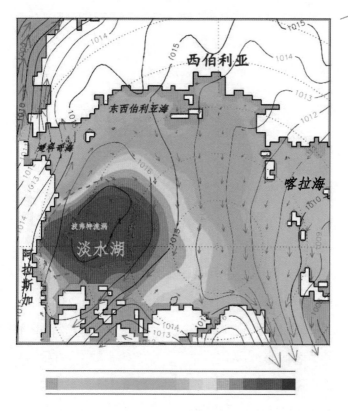

加拿大海盆区的淡水湖

度与天气模式。而北大西洋的亚北极区域承担着冷热和淡咸交换的作用，从而推动大洋传送带向深水的循环。北极淡水湖的大小相当于大西洋一年中所接收的淡水的量，它目前还不会对当前全球气候造成威胁，但科学家认为，在北冰洋存在这样的淡水湖是一个大隐患。

北极小百科

 北极地区的矿产资源

北极地区的矿产资源极其丰富，石油和天然气更引人注目。从20世纪60年代起，人们先后在阿拉斯加北坡的普鲁度湾、巴伦支海、挪威海和喀拉海大陆架、加拿大北极群岛、拉普捷夫海等地区发现了大量的石油和天然气资源。在加拿大北极区域，石油储量达1000亿～2000亿桶，天然气有50万亿～80万亿立方米。美国的阿拉斯加地区油田所产原油约占美国石油总产量的26%。俄罗斯北极油田的产量占其全国总产量的60%以上，天然气储量巨大，总量可能超过20万亿立方米。

除了石油和天然气外，北极地区还储藏有丰富的煤、铁、铜、铀等矿产资源。阿拉斯加北部的煤炭资源极为丰富，属尚未开发地区。据地质学家估计，这里储藏着世界9%的煤炭，约4000亿吨。北极西部煤储量约30亿吨。西伯利亚的煤炭储量，有人估计为7000亿吨，可能超过全球储量的一半。

除了石油、天然气和煤炭等外，科拉半岛的铁矿是世界级的富矿。诺里尔斯克的铜-镍-钚复合矿基地也是世界上最大的。阿拉斯加库兹市北部的红狗矿山也是世界级的大矿。此外，阿拉斯加-朱诺石英脉型金矿、西特卡附近的奇察哥夫金矿、威尔士王子岛的钚矿石等都很有名。

北极矿产资源

北极的生物资源

北极的生物资源分为海洋和陆地两部分，海洋生物又包括海洋哺乳动物、鱼虾类和低等生物。陆地生物包括陆地哺乳类、鸟类、淡水鱼类，以及从落叶松到苔藓、地衣等各种植物。

北极海域的哺乳动物有海象、海豹、海狗等，鲸类有6种，鱼类资源也相当丰富。

北极的陆地动物除了北极熊和灰熊外，还有上百万只驯鹿、数万头麝牛、北极狐、北极狼、北极兔，以及数以万计的北极旅鼠。

北极最典型的植物是泰加林中的落叶松，无论是在阿拉斯加，还是在西伯利亚，泰加林的木材都是当地主要的经济支柱之一。北极最典型的低等植物是地衣，地衣是寒区重要的物种资源。

北极地区生物资源的一个重要作用是维系北极土著居民的生活，它们古往今来一直是因纽特人的主要食粮。苔原上的部族捕猎驯鹿、麝牛及其他动物。北冰洋沿岸的部族则捕猎海洋哺乳动物和鱼类，有时也捕杀北极熊。

北极部分生物

北极地区的渔业资源

北极海域的经济鱼类主要有北极鲑鱼、北极鳕鱼、蝶鱼和毛鳞鱼。与其他海洋生物资源相比，鱼类资源目前仍较丰富。巴伦支海、挪威海和格陵兰海都属于世界著名的渔场，近年来，捕鱼量约占世界总捕鱼量的8%～10%。以白令海峡为中心的阿拉斯加绿鳕鱼捕捞业

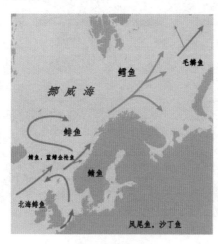

北极渔业资源

已跃居为世界最大的单种渔业。在全美总渔获量中，约有40%来自阿拉斯加水域，该渔场的年收入达20亿美元，并为5万人提供了就业机会。

176

格陵兰西部鳕鱼和虾的捕捞业为格陵兰的社会经济转化奠定了基础。而在北极的东部，挪威和俄罗斯分享巴伦支海域的世界级鳕鱼和毛鳞鱼渔场。适度的商品性渔业活动为北极地区的经济发展做出了巨大贡献。

　　虽然北极水域的水产资源如此丰富，但对于生态脆弱的北极来说，维持渔业资源的可持续利用才是最重要的。

远洋渔船

国际合作北极考察

　　详细了解地球上发生的各种现象，在广泛的地区同时进行观测是必要的。1882—1883年开展了第一次国际极地年，12个国家在北极建立了13个观测站，对极光、地磁、气象进行了联合观测。1931—1932年实施了第二次国际极地年活动。第二次国际极地年也把重点放在北极地区，有44个国家参加，观测规模和范围都比第一次国际极地年大。第三次国际极地年即1957—1958年的国际地球物理年，其加快了北极的科学考察步伐，在北极地区建立了54个考察站，在北冰洋建立了许多浮冰漂流站和无人浮标站，对北极开展了多学科综合考察。

　　除了全球范围的国际合作考察外，还有很多局部北极地区或专题项目的合作考察。1970—1976年，美国和加拿大联合进行的北极动力学实验，1979年开始的全球大气研究计划第一次全球实验和1980年开始的国际气候研究中的极地试验，1988年8月至1989年5月美国、加拿大、挪威和英国联合组织实施的北极东部协调试验计划等，都是在北极地区实施的重大国际合作项目。

1993—1995年，美国威尔斯迪戈开始的北极考察计划，目的是利用北极地区这一特殊的海洋和自然地理环境，开展大气、冰川、海洋、环境污染监测等项目的研究，并对全球中小学生和教师进行自然科学、环境保护和人文科学知识的教育，建立一种国际科学合作的新形式。

国际合作北极考察

第一次国际极地年

　　正当人们争相进军北极点并试图发现新大陆的时候，1857年，法兰士约瑟夫地的发现者之一，奥地利海军上尉卡尔·威普雷特指出，北极的地理发现只有赋予其科学含义才更有意义，并且认为，科学考察才是北极考察的根本目的。这些科学资料对北极圈以外的国家乃至全人类都是极其重要的，因为这可以增加人们对自然规律的了解，但分散的考察只能得到一些零星的结果，因此，他建议在北极地区建立一些考察站，配备必要的仪器，以便同时进行综合而连续的观测。这些远见卓识的意见得到人们广泛的支持，于是便有了"第一次国际极地年"。

　　1882—1883开展了第一次国际极地年，取得了大量第一手科学资料和数据，为北极的科学研究提供了依据，也为后来的北极科学考察奠定了坚实的基础。与此同时，还创造了新的北进纪录，当然也付出了沉重的代价。

第四次国际极地年

　　由国际气象组织（世界气象组织的前身）发起并组织的国际极地年，从1882—1883年开始，每50年进行一次。第二次国际极地年在1932—1933年进行。第二次世界大战后，随着科学技术的进步，在间隔了25年后，1957—1958年举行了第三次国际极地年，这次观测是以地球物理为主，故又称国际

第四次国际极地年标识

地球物理年。观测的对象是地球上所有的地方，但把南极观测放在重点位置，国际地球物理年使极地科学进入了一个崭新的发展阶段。2007年是国际地球物理年开展后的第50年，这是第四次国际极地年。

　　第一次国际极地年之后，又过了125年，在国际科学理事会的倡导下，于2007—2008年开展了第四次国际极地年。

　　第四次国际极地年为什么不叫第二个国际地球物理

年呢？这是因为从复杂的地球系统来看，极地是重要的地区，极地能够非常早地反映出全球的变化。而国际地球物理年是专门把地球科学当作焦点。目前我们是把极地作为更广泛领域的科学研究对象。例如，南极4000米冰盖下的"东方湖"虽然在地球上，但与木星的环境十分相似。国际极地年不仅是国际各国科学家共同开展观测和调查活动，而且在极地得到的数据和建立的数据库可为世界所有研究人员共有，这些和国际地球物理年时期有很大不同。

第四次国际极地年的计划组，以①在极地进行新开拓地的调查，②在两极地区了解各式各样的变化，③解释极地的各种过程作为研究主题，根据这三个主题征集提案。

第四次国际极地年通过两个完整年（2007年3月至2009年3月）的努力，来自60多个国家的数千名科学家执行了200多个研究项目，采用最先进的手段和技术开展生物、物理、化学、地质以及社会研究；探索了极地科学的新前沿，增进了对极地地区在全球变化中的关键作用的理解，并促使大众进一步了解北极和南极。第四次国际极地年还取得了另一个重要突破，即女性科学家数量几乎占了4次国际极地年科学家总数的一半，许多人还是项目负责人。然而在1957—1958年，包括美国在内的大多数国家不允许女性科学家在冰上工作。

国际北极气候研究多学科漂流观测计划

国际北极气候研究多学科漂流观测计划（MOSAiC计划）是迄今最宏大的北冰洋考察计划之一，其目的是通过实施计划把散落的历史观测数据和信息集成一幅可理解和预测北极气候变化的图像。

该计划利用即将退休的德国"极星"号破冰船，在北极中央随海冰漂流一整年，开展与气候变化紧密相关的现场科学调查，有近20个国家，60个科研机构和300多名科学家参与了现场考察工作。

中国是MOSAiC计划的重要参与国。在国家海洋局极地考察办公室的组织下，2019年9月至2020年9月，我国来自9家科研院所和高校的17名队员深入参加了MOSAiC计划，在浮标阵列构建、冰底生态过程、温室气体循环、海冰和海洋过程观测等领域做出了重要贡献。

2019年10月4日在拉普捷夫海北部构建了MOSAiC

主冰站和浮标阵列，主冰站的浮冰一部分是多年冰，一部分是一年冰，建站初期，平均一年冰的冰厚只有40厘米，是新生成北极海冰的代表，对于研究当前北极气-冰-海相互作用具有重要意义。沿着穿极流，经过300天的漂移，漂移路径约2200千米，绝对距离约1700千米。主冰站和浮标阵列都漂流至弗拉姆海峡，2020年7月29日，MOSAiC计划的首席德国极地海洋研究所Markus Rex教

北极科学考察——气溶胶研究

授宣布MOSAiC主冰站正式结束其观测寿命，并将冰站物资撤离。

8月初，经过第4航段和第5航段的人员轮换，MOSAiC计划进入最后阶段。8月19日中午时分，MOSAiC计划的母船"极星"号到达北极点，从弗拉姆海峡出发到北极点，他们只用了6天时间，其中，还开展了一些海洋站的作业，可见沿途冰情很轻，并没有给"极星"号向北航行带来困难。MOSAiC计划的考察队员在北极点进行了简单的庆祝仪式，从甲板望去，北极点周边的海冰更像海冰边缘区，海冰密集度只有70%～80%，冰面融池覆盖率接近50%，看上去就是一片沧海桑田，跟大家想象的北极点厚冰区完全不一样。2020年10月12号，"极星"号破冰船在北冰洋漂浮一年多后返回德国不来梅港，历时389天的MOSAiC计划宣告圆满结束。

为什么要进行北极科学研究

越来越多的研究结果表明，30年来，北极地区发生了明显变化，因此，北极地区被认为是地球变化的指示器，也就是说，许多全球变化的前奏现象大多可以在北极地区被发现。北极是全球范围内最早感应出环境变化的地方，既全球微小变化在北极地区会被放大，如果赤道地区平均气温上升1℃，在北极地区将有可能升高2～3℃。

北极科学考察作业

北极是地球的两大冷源之一，是全球气候的驱动区，它与南极一起通过日－地辐射平衡、大气对流、大洋环流一起控制全球的大气物理状况。北冰洋的海冰平均3米厚，对海冰进行长期调查并观察它的变化对研究气候的变化十分重要。因此，北极科学活动是全球变化研究总目标中的一个重要组成，对北极系统的连续科学观测也成为不可或缺的内容。例如，根据气象观测，可调查大气的准确运动，这如同每天的天气预报一样，气象观测精度的提高不仅有眼前利益，而且能根据气候的长期变化，给人类的将来提供重要信息。北极地区的气象观测正在为航空事业的安全提供准确的情报。

我国地处北半球，北极系统对我国的气候、环境、生态的影响比南极大得多，也直接得多。北极的寒流通过西伯利亚高原向南输送，从古至今一直影响着我国。每年来自北极地区的冷气团和来自热带的热气团的相互作用是造成我国气候变化的重要原因。北极地区环境正在发生明显变化，出现冻土北移、冰川和海冰退缩、臭氧耗损加剧、紫外线辐射增强等现象。北极地区的气候和环境对我国的经济和社会产生直接影响。

亚北极西北太平洋有着丰富的渔业资源，是我国重要的外海渔场之一，北极科学考察也将为渔业捕捞提供准确的科学信息。

北极科学考察

回溯北极考察历史，大体可分为3个阶段，即探险年代、英雄年代和科学考察年代。

真正对北极开展大规模的科学考察始于1957—1958年的国际地球物理年。当时12个国家的1万多名科学工作者在北极进行了多学科考察，在北冰洋沿岸建立了54个陆基观测站，在北冰洋中建立了许多浮冰站和无人浮标站。国际地球物理年科学活动的成功，标志着北极科学考察进入了正规化、现代化和国际化阶段。

实际上，北极考察远远早于南极考察。从19世纪20年代到20世纪70年代，先后有70艘船只在北冰洋进行了300多航次的科学考察。有数十艘核潜艇以科学为名航行在北冰洋海冰下。目前在北极地区的考察站达数百个。

近年来，在国际化大科学潮流的冲击下，少数国家间已开始进行一些专题性合作计划。

北极理事会

1996年8月6日，8个环北极国家即加拿大、丹麦、芬兰、冰岛、挪威、俄罗斯、瑞典和美国的代表在加拿大的渥太华举行会议，发出建立北极理事会（AC）的声明。其宗旨是：①确保居住在北极地区的居民包括当地少数民族及其团体享有的权利；②确保北极地区在经济和社会发展以及在卫生条件和文化教育的改善方面的可持续发展；③确保北极环境保护，包括北极生态系统的保护、北极生物多样性维持和自然资源的保护和可持续使用。

为了实施上述宗旨，要求建立北极环境保护策略：①应认识到北极土著民族传统文化的重要意义以及北极科学研究对环北极地区的理解的重要意义；②应进一步采取要求环极合作的北极问题一致行动的措施；③应积极支持纽恩特环极会议，萨米理事会以及俄罗斯北部、西伯利亚和远东当地少数民族协会，并充分认识到他们在北极理事会发展中的作用。

1997年政府间组织的北极理事会宣布成立，它是北极国家部长级间有关北极重要事务的论坛。

2013年5月15日，在瑞典北部城市基律纳召开的北极理事会第八次部长级会议上，中国被批准为北极理事会正式观察员国，从此，中国对北极事务和治理有了更多的发言权。

协议与合作　　数据和认识　　环境监测　　评价　　建议

北极理事会主要任务

国际北极科学委员会

1990年8月28日，在加拿大的瑞萨鲁特湾市，拥有北极地区领土的加拿大、丹麦、芬兰、冰岛、挪威、瑞典、美国和苏联等8个环北极国家的代表在成立章程上签字，从而宣告了国际北极科学委员会（IASC）正式成立。它是一个非政府间的国际组织，旨在鼓励和促进所有从事北极研究的国家和地区在北极科学研究各个领域的合作，其成员应是能覆盖所有北极研究的国家科学组织。每个成员的国家组织也为北极理事会和北极科学团体之间的接触提供方便。国际北极科学委员会正是利用这种关系来确定优先发展的科学问题以及工作组成员等。由国际北极科学委员会所规划和建议的国际科学项目是北极和全球科学研究优先考虑的领域。

国际北极科学委员会的最终决策机构是由参加国各派一名代表组成的评议会，对一些重大问题做出决定。

例如，制定合作研究计划、方针政策，以及为政策具体化而工作的委员会的成立、废除等；办理非北极地区国家加入事宜；组织国际北极科学委员会以外的广大国家的科学家和国际科学组织的交流及北极科学会议等。

我国于1996年加入国际北极科学委员会，目前，国际北极科学委员会成员有23个国家，除8个北极国家外，还包括15个非北极国家（奥地利、中国、捷克共和国、法国、德国、印度、意大利、日本、荷兰、波兰、葡萄牙、韩国、西班牙、瑞士和英国）。

北极史前史

　　北极史前史，是一部描述200万年的漫长岁月里人类是如何在北极定居的历史。地球的变迁和人类对极端环境的适应促进了北极史前史的存在和发展，既体现了人类在生理结构上的进化，也体现了其对北方极端寒冷环境适应的过程。

　　北极真正有文字记载的历史开始于20世纪。那么史

人形石堆

人类的进化过程中环境变迁是主要的驱动力，人类劳动是人对自然界的积极改造和支配，即"劳动造人"，而好奇心的驱使促使智力发育，即"创造工具"。

从热带非洲的人类起源到古代和现代人类在中纬度地区的扩散，再到北欧人向格陵兰岛乃至更远地域的航行，人类首次占据欧洲和欧亚大陆，其中既有像尼安德特人体现古老的人类适应北极环境的进步，还有如现代人类在欧亚苔原的生存能力。

渡过荒凉贫瘠之地的现代人类，在4.5万年前占据冰河时期的欧洲，并迅速横跨整个苔原。他们拥有完全发展的认知能力、精湛的语言技巧，以及超前规划的能

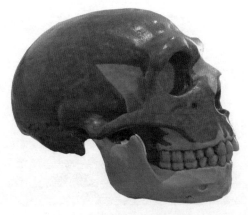

尼安德特人头骨

力，很快就掌控了北方，而随着环境的变暖，他们追逐着猎物再次向北迁移。

大约在3.5万年以前，最后一个冰期开始的时候，人类的祖先就已经移居到了离北极圈不远的雅库次克地区，并往东进入了堪察加半岛。

经过长期的历练，克罗马农人很好地适应了1.8万年前冰河时代晚期的严酷环境，他们被称为驯鹿猎人、穴居人和艺术家。

推动人类不断向北迁徙的原动力是气候变化。白令陆桥连通西伯利亚和阿拉斯加，为欧亚人开始洲际间的迁徙铺设了一条通途。而在这个长距离的漫长跋涉过程中，他们曾在白令海停滞了上万年，最后终于进入了北美洲，成为第一批原住民。

白令陆桥假设

有关首批美洲居民到底从何而来以及何时到来，一直存在着许多争议。因此，"白令陆桥假设"被提了出来。据说，在白令海存在着长达1600千米的大陆桥，横跨当今美国阿拉斯加西岸和俄罗斯西伯利亚东岸。

大约4万多年以前，当地球上最后一个冰川期在欧亚大陆蔓延的时候，生活在西欧的尼安德特人却神秘地消失了。尼安德特人，简称尼人，也被译为尼安德塔人，常作为人类进化史中间阶段的代表性居群的通称，因其化石发现于德国尼安德特山洞而得名。尼安德特人是现代欧洲人祖先的近亲，从12万年前开始，他们统治着整个欧洲、亚洲西部以及非洲北部，但在2.4万年前，这些古人类却消失了。

据研究，大约3万年以前，生活在欧亚大陆上的尼安德特人逐渐被一种更加发达的人类所代替。他们的踪迹首先是在法国的一个小村庄旁边的克罗马农山洞中被发现，故被称为克罗马农人。他们的身材比尼安德特人高大、颅骨较薄、较高，颌骨不太突出，前额几乎垂直，面貌已经比较好看了。

白令陆桥假设

　　大约1.8万年以前，当地球最后一个冰川期达到顶峰时的气候极端寒冷，几乎1/3的陆地都为厚厚的冰层所覆盖，所含水的总量大约2.7亿立方千米。由于这些水来自海洋，所以那时的海平面比现在的低约121米，白令海峡并不存在，而由一座1600千米长的陆桥所代替。这不仅便于环北极各大陆之间的动植物互相交流，导致欧亚和美洲大陆之间的动植物极为相似，而且也为人类的扩展提供了便利。因此，当时的克罗马农人便从亚洲迁移到美洲，然后，从阿拉斯加往南一直扩展到了南美洲最南端的火地岛。他们也是后来的印第安人的祖先。由此认为，克罗马农人是首先越过了白令海峡的人。

北极小百科

白令海停滞假设

　　白令陆桥的出现，促进了人类在不同洲际间的交通和交流。

　　但是长期以来，关于美洲早期移民是来自不同地区还是来自相同地区存在着争论。有一种结论认为，美洲原始居民是从亚洲迁徙而来的，因为当时美洲没有其他原住民。

　　进一步研究认为，人类大约在1.4万年前到达北美洲，而这些人早在2.4万年前就到达白令陆桥，他们始终保持着基因和地理方面的隔离，直到大约1.4万~1.5万年前。这表明他们在白令陆桥上停滞了上万年。

　　上个冰河世纪到来的大约1.8万年前，气候突变促使人类为寻找新生存环境而向东探索。这时的狩猎者一边追逐着猎物，一边顺着今天的西伯利亚向东迁徙。他们到达白令陆桥时，宽阔的劳伦泰德冰川（Laurentide Ice

Sheet）和科迪勒拉冰川（Cordilleran Ice Sheet）进一步向东蔓延，切断了他们与美洲的联系。

这时的白令海中部拥有比较理想的环境，气候更为湿润温和，丰盛的灌木可提供木材，用来生火取暖，这些都远比他们身后或远方的冰冷土地更适合生存。

对于大型哺乳动物来说，白令陆桥是个理想的生存场所，早期狩猎者可以在此狩猎为生。考古发现，他们使用陆桥上的灌木点燃动物骨头，而大型动物的骨头中含有许多高脂肪的骨髓沉积物，更有利于燃烧。

人类开始设立营地并以陆桥为家，在那里停留了数千年。

以上的这种推论被称为"白令海停滞假设"（Beringian Standstill Hypothesis）。该假设的主要依据是，在上个冰河世纪高峰期（大约2万年前），当时的美洲覆盖着永久冻土带和冰川，人们几乎无法从亚洲进入美洲。但令人感到困惑的是，如此大量的冰川存在意味着当时前往美洲应该比今天更加容易。厚实的冰层意味着海平面比现在要低，促使西伯利亚与阿拉斯加之间的陆地连在一起，人类与动物可以轻松地从欧亚大陆前往北美洲。

通过分析现代美洲土著人基因中的DNA变化，发现所有美洲土著人的DNA很少出现在当代亚洲人身上，因此，穆里根提出，只有一群移民通过白令陆桥进入早期的美洲。这意味着，美洲土著人很可能来自生活在白令陆桥上的单一古代人类群体，他们与世隔绝了近万年。

　　2015年，美国拉斯姆斯·尼尔森（Rasmus Nielsen）的研究利用更先进的基因技术得出类似结论：绝大多数美洲土著人都起源于一次性移民事件。

　　这种假设表明，这些滞留在白令陆桥万年的人类，长期与世隔绝，他们的基因明显不同于数千年前生活在西伯利亚的人类。也只有在冰川融化后，这些人才最终到达美洲，而这种滞留导致这些"与世隔绝"的人类与其他人类在基因上出现明显不同。

　　至于人类是如何进入南美洲的，也有很多谜团。多数人认为，当时美洲西海岸出现没有冰的走廊，欧亚人通过白令陆桥，顺着这个走廊到达南美洲。但也有人提出疑问认为，这个走廊大约在1.26万年前开放过，而且很久以后人们才到达智利，因此向南迁徙非常困难，并提出第一批进入美洲的先民也有可能乘船沿着太平洋沿岸路线向南行进。

北极的土著居民

北极地区的土著人以因纽特人为主，还有阿留申人、鄂温克人、楚科奇人，以及居住在欧亚大陆北部的少数民族，例如，斯堪的纳维亚半岛北部的拉普人、科拉半岛的波莫尔人和洛巴利人、新地岛的尼次人、鄂毕河下游的曼西人和奥斯特克人、勒拿河下游的雅库特人。他们大都居住在北极圈以北的严寒地区，过着渔猎的原始生活。

因纽特人是西半球北极地区的主人，他们分散在海岸附近，依靠捕捉海中的鱼类和兽类为生。他们偶尔猎取在北冰洋附近平原上漫游的野生驯鹿，或去寻找栖息在极地岛屿上的麝牛。但在他们所捕获的一切兽类中，海豹是最珍贵的，对他们也最重要。海豹的肉可食，油可用于照明、取暖，皮可用来缝制衣服、帐篷和皮船。因此，捕捉海豹是因纽特人最重要的工作。

因纽特人

　　因纽特人是北极土著居民中分布地域最广的民族，其居住地域从亚洲东海岸一直向东延伸到拉布拉多半岛和格陵兰岛，主要集中在北美大陆。西方人把因纽特人分为东部因纽特人和西部因纽特人。西部因纽特人指阿留申群岛、阿拉斯加西北部和加拿大西北部讲因纽特语的居民。这些地区的文化深受相邻地区亚洲和美国印第安人文化的影响。

　　东部因纽特人指北美北极地区的中部和东部讲因纽特语的居民。在西方人的眼中，他们是典型的因纽特人。东部因纽特人的分布面积占整个因纽特人居住范围的3/4，而人口却只占1/3。因为东部地区的自然资源没有西部的丰富，所以西部地区的因纽特人的物质生活水平和文化水平比东部地区的高一些。

　　因纽特人居住分散，地区差异很大，所以文化差异也很大。他们说着不同的语言，但属于同一个语系，这个语系和东亚地区的某些语言有关系。

如同其他土著居民一样，因艰苦的生活条件，因纽特人的人口一直很少。进入现代社会后，因纽特人的数量开始稳步增长。传统的因纽特人过着近乎原始的生活，他们四处狩猎，靠天吃饭，生产力水平非常低。

通过对人种基因的研究，科学家发现，北美洲印第安人的基因与我国西藏人的基因非常接近，而因纽特人的基因则与亚洲蒙古人的基因很相似。

格陵兰岛上的因纽特人

因纽特人的村庄

　　因纽特人的村庄简陋而分散，一般只有几间由石头砌成的小屋。小屋外面涂着厚厚的泥土，这样可以抵御冬天的寒冷和风雪。由于生产力非常低下，没有集体的力量，要想在冰山雪地中生活是根本不可能的，为了生存，每个因纽特人都要付出自己的艰辛，无论妇女、老人和孩子都要从事力所能及的工作。这对因纽特人是非常重要的。

　　因纽特人家庭一般有2～3个孩子。孩子长大必须赡养父母和老人。因纽特人虽在那样艰难的外界条件下生活，却具有让人难以理解的慷慨好客的特点。小孩可以随便在别人家里吃饭，可以像进自己家一样随便进入陌生人家里，分享主人的食物。贪婪、自私的人将要受到惩处，而最严厉的惩处是被抛弃，当然这种可怕的惩处只是在不得已时才被采用。

为了捕猎食物，因纽特人往往要离开家到遥远的地方去，或到海豹多的海岸去。每到一个新的地方首先要修筑住处，他们用骨刀切出方形的雪块砌成雪屋，屋里垒一个冰平台，盖上熊皮和鹿皮，便可作为睡觉的床铺。夏天到来时，雪屋融化，他们便撑起用海豹皮制成的帐篷，猎捕野鸟、驯鹿和麝牛，并储存起来，以备漫长而黑暗的冬季食用。

现代因纽特人房屋

雪屋

　　住在极地的因纽特人，由于没有木材、草泥，只能就地取材，用雪块建造房屋——雪屋。

　　建造圆顶雪屋需要一定的技术。所用的雪块要选质地均匀、软硬度合适的，最好是选择风吹积而成的雪块。雪块的大小根据雪屋的大小而定，屋子越大，雪块相应被切得越大。每一块雪块呈立方体，雪屋里层的一面有一定的弧度，形成圆弧状，雪块要做得精确吻合，使雪屋坚固而不易倒塌。因人站在里面砌雪墙，当砌到两三层时，在一边墙上开一个供建筑期间临时用的门。雪块砌到四五圈后向里增加倾斜度，开始封顶。最后用雪塞住缝隙，关堵临时门。然后在底部挖出一个门，挖门的地方不要影响基础雪块。为了避免屋内过热使雪块融化，屋顶要开一个通风孔。雪屋建好后，睡觉的地方用雪垫高，再铺上兽皮等。

因纽特人通常在雪屋入口外挖一个雪下通道，这个通道必须在圆顶屋背风侧。由于通道在雪下，因而冷空气不能进入屋内；由于采用地道入口，暖空气向上聚集在屋内，睡觉的地方就暖和多了。因纽特人常常半裸体地躺在圆顶雪屋内，室内温度靠他们的体温和点燃以海豹油为燃料的灯来维持。

雪屋

因纽特人如何猎捕海豹

因纽特人以捕猎海豹为生，所以他们捕猎海豹的技术十分娴熟。

夏天，因纽特人划着皮艇，带上梭镖、网、绳子等工具，到海豹经常出没的海域，静静地划着双桨，不停地搜索着海面，一旦发现猎物，便尽快悄悄接近目标。等到靠

猎射海豹

近时，立即用鱼叉投向海豹，然后迅速用网拖住海豹，直到其筋疲力尽。

冬天，因纽特人通过寻找冰面上海豹的呼吸孔猎取海豹。

冬季，海面结冰，海豹为了呼吸会用牙齿把冰层凿出一个小洞，以便按时伸出头来呼吸。因纽特人找到海豹呼吸孔时，就开始守株待兔，在刺骨的寒风中静静地站上几个小时，甚至一天；当发现海豹浮出时，就迅速投出鱼叉，有时还用下网的方法捕捉海豹，就是在两个呼吸孔之间打个洞，把长4米、宽1米的网放下，在海豹上浮呼吸碰到网时，网能把它缠住。海豹越挣扎，网就缠得越紧，直到其不能动弹。因此，因纽特人下网后2～3天起网时，几乎不会落空。

储存食物

因纽特人食用的各种动物几乎都具有迁移的习性，所以因纽特人必须储存大量的肉和鱼，作为食物短缺时期的备用品。

食物出现明显短缺通常是在最温暖的季节到来之前，这时越冬食品几乎消耗尽，而捕猎的季节还没有来临，南去的动物还没有返回。因此，把猎物加以储

晾鱼干

存以待食物淡季食用是极其重要的。因纽特人居住的大部分地区的气候不能保持食物长年冷冻，食物的保存是个大问题。

因纽特人通常把鱼和肉切成条，在太阳下或通风处放两三天，使肉风干、晒干，然后把一部分肉放在兽皮做的口袋里，袋子里放上一些海豹油。这样处理后，在避开日晒的情况下，肉制品至少可以保存一年。

极地因纽特人所处的地域中，一年中只有几个星期的白天气温达到0℃以上，人们只需把猎物内脏取出，把猎物压到岩石下保存即可。阿拉斯加的因纽特人在冻土下挖一个地窖储存食物，放入窖中的肉很快便被冻上，两三年后仍可食用。

地球最北边的城市——朗伊尔

　　朗伊尔（Longyearbyen）位于斯瓦尔巴群岛中部，地理位置为北纬78°15′、东经15°30′，距北极点1300千米，是早期赴北极探险者的出发地。朗伊尔是斯瓦尔巴群岛的首府，常住人口1400人，通用语为挪威语，拥有码头、机场、大学。小镇建在河谷两侧，附近有冰川发育，驯鹿、北极熊等野生动物时而在附近出没。对外交通主要以航空为主（机场可起降波音727客机），大型货物可以海运。航空运输夏季每周有7个、冬季每周有6个标准商业航班往返挪威本土。海运每年12月底至次年5月不通航。朗伊尔也是前往斯瓦尔巴群岛其他各地的主要中转站，附近煤矿仍在少量开采，煤质优良，主要供应当地发电厂。

　　1607年，英国探险家哈得孙发现了斯瓦尔巴群岛，发现那里的兽类很多。英国政府为了开发这块新领土，攫取珍贵的兽皮，曾动员人们到那里去谋生，但无人前往，直到1630年才有8个勇敢的英国人在岛上过冬，从而成了这个岛的第一批常住居民。

冬季，这里每年有116天漫长的极夜，有一望无际的冰川，有厚达300米的永久冻土，那-40～-50℃的气温使人望而却步。如同冬季的极夜一样，夏季时有116天极昼，太阳整日在头上盘桓，这个时间段内的平均气温可达4℃，向阳的山坡和谷地绿草如茵，130种花草竞相争艳，万紫千红。此时海湾的浮冰融化，轮船可以自由进出港口，运进食品、装备，运出煤炭、云母、石棉和兽皮。

朗伊尔城一角（夏立民　摄）

北极科学城——新奥尔松

　　新奥尔松（Ny-Alesund）位于斯瓦尔巴群岛上，朗伊尔西北方向约114千米，地理坐标为北纬78°55′，东经11°56′。新奥尔松拥有小型飞机场，有定期航班往返于新奥尔松和朗伊尔。码头可停靠吃水小于8米的船舶。最冷的2月平均气温为-14℃，最暖的7月平均气温为5℃，年平均降水量为370毫米。

　　新奥尔松远离人类居住地和污染源，被认为是开展监测污染物长距离输送影响的绝佳地方。目前，8个国家和1个国际组织在这里建有考察站，所涉及的学科有生物、生态、气象、冰川、大气化学、高空物理、测地学、卫星遥感应用等。其中，1964—1974年，欧洲空间研究组织（ESRO）在新奥尔松建立了第一个用于卫星观测的考察站；1988年德国极地海洋研究所建立了Koldewey考察站；1991年日本国立极地研究所建立了考察站；1992年英国环境研究委员会建立了考察站，挪威测绘局

新奥尔松科学考察城

建立了观测室；1997年挪威空间中心建立了观测室，意大利建立了考察站；1999年法国建立了考察站，挪威极地所建立斯维尔德鲁普考察站，挪威大气研究所在齐柏林山顶上建立了全球大气污染监测站；2002年韩国建立了茶山考察站；2004年中国建立了黄河考察站；2005年美国建立了海洋研究实验室。科学领域主要涉及全球变化研究、日-地物理等方面。在新奥尔松开展的科学工作主要分为中长期的常规观测和短期的研究性观测与野外现场考察。

新奥尔松的全部地产属王湾（Kings Bay）公司所有和管理。王湾公司于1916年成立，早期从事煤矿开采，后来转为科学考察和研究。挪威政府的白皮书提出于1999年将新奥尔松建成世界上最好的野生动植物生态保护区；2001年提出将新奥尔松建成国际最重要的北极科学研究城。

新奥尔松的气候

　　尽管位于北纬78°55′、东经11°56′的斯瓦尔巴群岛上的新奥尔松观测站的纬度大约比中国南极中山站高10°，但受到大西洋暖流的影响，那里的气候温暖。夏天生长着茂密的地衣和苔藓，这些地衣和苔藓养育着驯鹿，食草动物雁类在这里"生儿育女"，这里还生活着肉食动物鸥和狐狸。

　　因地处高纬度，新奥尔松观测站一过9月中旬，夜晚便变长，一直到翌年3月都见不到太阳。鸟类在冬季到来之前便早早地飞往温暖的南方。

　　根据新奥尔松气象观测站的记录，夏季气温维持在0℃以上，冬季气温则在-30℃以下到冰点之上变化着，变化范围大于35℃。在1995年11月下旬、1996年1月中旬和2月下旬的冬季记录到0℃以上的温度，这期间的气压大体在100千帕以下，有时就连97千帕的气压也会增强下降风速，这时温暖的气温伴随着低气压通过新奥尔松。冬季的暴风雨好像也是温暖的，实际上，在新奥尔松进行观测的科考工作者在冬季也观测到降雨，例如，1993年冬季就第一次监测到了大雨。

　　雪刚开始融化，新奥尔松就迎来了科学观测的好时机，此时能清楚地看到动物曾在那里挖爬的痕迹。随着冬季第一次大雨和寒流的到来，越冬期间的食饵隐藏在厚冰下，驯鹿采食的希望落空，使得周围横躺着数具饿死的驯鹿，有的还露出被其他动物啃食过的白骨。冬季的暴风雪尽管使气温变暖，但生态平衡对于残酷的生物生存确实起着一定作用。

风雪新奥尔松

北极探索史

　　公元前325年，亚历山大时代（公元前356年7月20日至公元前323年6月10日）的一位天文学家、航海家毕塞亚斯最早进入北极圈，开展有目的的考察，并测量了纬度和地磁偏差。

　　到了15世纪末，刚出现的西方资本主义迅速发展，为了掠夺东方的丝绸、香料和宝石，寻找通往东方的海上捷径，寻找最短的"北方航线"，便组织探险队进行北冰洋探险。

　　到19世纪中期以后，进入向北极挺进的时代。1846—1848年，英国人约翰·富兰克林深入到加拿大北海一带的岛屿区探察了"北方航线"。当他完成了这次探险任务之后，航船被封冻在海上，他们只得弃舟登岸。上岸之后，又遇到不幸，129名船员无一生还。

　　挪威探险家弗里乔夫·南森既是北极探索的先驱

者，又是其中的佼佼者。1893年南森等一行13人乘"弗拉姆"（Flam）号沿亚欧大陆北岸航行，向新西伯利亚群岛进发。在这之前，他根据探险遇难者一些残物的漂流路线，推断在西伯利亚群岛以西有一股洋流，向北流过北极，再流到格陵兰东岸，进入大西洋。

挪威北极探险家
弗里乔夫·南森

1895年，"弗拉姆"号漂流到北纬85°57′的海域，这是有史以来人类第一次到达北冰洋中央区，北冰洋神秘的面纱终于被揭开。

20世纪初，罗伯特·皮尔里三次向北极冲刺，在第三次向北极行进中，终于在1909年6月4日到达北极极点，他也被认为是第一个到达北极点的人。

库克参加过皮尔里的第二次北极地区探险，在格陵兰北部度过了1891年、1892年的冬季。1907年，库克组织了一支探险队，开始了向北极极点的进发。他们经过格陵兰岛，到达阿克塞耳——海伯格岛的最北端。1908

年3月，库克决定精编探险队员，只带了两名因纽特人和1架雪橇、26只狗，向北极冲刺。这一段冰路有900多千米，他们整整走了35天，于1908年4月21日到达北极极点。但可惜没有具有说服力的证据。

继库克和皮尔里之后，考察北极的人仍络绎不绝。1926年，挪威人罗阿尔德·阿蒙森等组成的国际小组第一次乘飞艇抵达北极上空。1929年，美国人查理·伯德第一次乘飞机飞越北极。1937年，苏联人沃多皮诺等第一次乘飞机降落在北极冰面。

1958—1959年，美国先后有两艘核潜艇从冰下航行到达北极。1977年，苏联"北极"号核动力破冰船首次到达北极点考察。1978年，日本人藏村植美第一次乘狗拉雪橇单人到达北极。

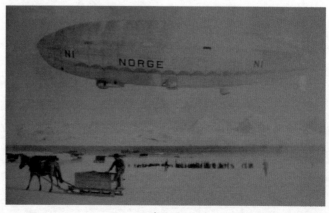

飞艇

"弗拉姆"号考察船

　　"弗拉姆"号考察船为两次举世闻名的极地探险做出了卓越的贡献，这两次探险分别是1893年弗里乔夫·南森横穿北冰洋和1910年罗阿尔德·阿蒙森登南极点行动。如今"弗拉姆"号被收藏在挪威极地探险博物馆。

　　在成功横穿格陵兰后不到一年，挪威人南森提出了一个理论：在极点附近和法兰兹约瑟夫群岛之间存在一股海流，这股流从西伯利亚海流向格陵兰海岸。为了验证他关于海流的理论，他建议建造一艘能执行这个任务的特殊调查船。

　　1891年2月，南森与挪威著名的木船建造者科林·阿彻会面，讨论建造这艘特殊船。该船要能够经受冰体的挤压，同时还得有良好的航行速度和性能。最后造成的这艘船，取名为"弗拉姆"，意思是"向前"。该船长39米，桁条11米（10.4米吃水线），宽5.25米。船载重

221

量为420吨（满载800吨）。船主体主要使用意大利的橡木制成，船外层有8～15厘米厚的三层贴板，两层是橡树木，一层是樟树木；垫舱用10厘米×13厘米的北美油松木。船上安装了大约162千瓦（220马力）的蒸汽机，时速达5节，每天耗油约2.3吨，所载的煤可供使用4个月。

"弗拉姆"号行驶在北极

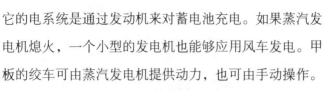

它的电系统是通过发动机来对蓄电池充电。如果蒸汽发电机熄火，一个小型的发电机也能够应用风车发电。甲板的绞车可由蒸汽发电机提供动力，也可由手动操作。船同时配置8条小船、4条救生船、1条划艇、1条汽艇和2条较大的船。

　　船上主要的桅杆有32米高，上面的瞭望台能够使水手们清楚地看清前方和四周的冰况。6个船舱围绕着一个客厅。客厅和船舱的顶部是甲板的下面，用几层云杉、毡、油布镶板，中间填充驯鹿的毛，上面才是10厘米厚的甲板，总厚40厘米。客厅的地板用15～18厘米的软木铺在油毡布上。客厅里也安装了取暖用的炉子。有挪威著名画家的字画悬挂在客厅的隔墙上。建造工作从1892年开始，于1892年10月26日下水。"弗拉姆"号很好地完成了她的处女航行。在以后北极和南极的考察中，"弗拉姆"号为极地科学考察做出了重要贡献。

东北航道

　　为了打开从欧洲通向亚洲的东北航道，1553—1676年，英国和荷兰向北冰洋进行冒险航行达20次之多。可是，面对恶劣的气候和冰山的威胁，由于他们闯不过坚冰的阻拦而中途被迫返回，有的铤而走险被冻死在酷寒的北极海域。直到19世纪下半叶，西欧再次掀起北极探险的热潮，在1869—1870年期间，就有20多艘船驶入喀拉海。1874年，英国的乔治·维金斯曾驾驶一艘蒸汽船闯进了鄂毕海。1878年7月18日，瑞典的诺登舍尔德总结了前人的经验和教训后，组织了"维加"号和"勒拿"号考察船队，开始了探索东北航道的新里程。为了争取在封冻期前到达白令海，诺登舍尔德把航速慢的"勒拿"号留在勒拿河河口，自己率"维加"号全速前进，9月28日，"维加"号被冻结在科柳钦湾附近的海面上长达9个月之久。

第二年7月18日，海面开始解冻，强劲的南风把浮冰吹开，"维加"号扬帆起航驶向白令海峡，1879年7月20日顺利地穿过了白令海峡。诺登舍尔德仅仅用了一年零二天的时间，便胜利地完成了沟通欧亚两个大陆的航行，而且创造了一个人类探险史上船员无一伤亡，船体完好无损的奇迹。

"雪龙"号船破冰前行

寻找东北航道的先驱

16世纪末，继英国人之后，荷兰人开始了寻找东北航道的活动。1594年6月，荷兰派出由3艘船组成的探险队去寻找东北航道，巴伦支指挥其中的一艘船。

威廉·巴伦支

在基利金岛附近，探险队分为两路，巴伦支率领一路向东北航行，他的船曾到达北纬77°15′，在16世纪还没有一个西欧航海家能向北航行到如此远的海区。

1596年7月，巴伦支加入到阿姆斯特丹市参议院组织的探险队，往东去寻找东北航道，船接近新地岛后向北推进，由于冰块阻拦，8月26日，船员们不得不在新地岛的一个"冰港"越冬。

他们卸下船上的用品，建造了一间小房子，由于冬天缺乏蔬菜和营养，全船17人几乎都患了坏血病，春天到来之前，已有两人死亡，巴伦支也病入膏肓。船已被冰撞毁，只好依靠2只小艇逃生，临行前，巴伦支把航行和越冬情况写成3个报告，为防不测，他把一个报告放在住房的灶房里，另外2个报告分开交给同伴。小船一出发就遇上了翻滚的海浪，顽强地拼搏了6天才驶入平静的海区。但在1597年6月20日，巴伦支终于停止了呼吸。这位为寻找东北航道的先驱魂归浩瀚的北冰洋。

为了纪念这位航海领航人，从19世纪中叶起，人们把北欧以北他航行过海域的一部分命名为巴伦支海。

白令的北极之旅

　　1721年12月，白令被俄国彼得大帝任命为勘察探险队队长，从此他走上了探险之路。1728年7月13日，他开始了寻找亚洲和欧洲之间是否存在海峡的航行。

　　8月中旬的一天，他们穿过一条狭窄的海峡，进入了北冰洋，这时北极的夏天已接近尾声，海面结着一层薄冰，越向北航行，天气越恶劣，如果继续航行下去无疑是铤而走险，船到达北纬

维他斯·白令

67°18′后返航。第二年夏天，白令再次出航，但这年夏季来得迟、去得早，探险船队没开出多远就被成群的冰山挡了回来。

　　1740年9月8日，以打通俄国北方的交通线、绘制西伯利亚地区的海岸线图、寻找和考察北美海岸为目的的船队从鄂霍次克出发，10月6日驶进阿瓦恰湾越冬。1841

年6月4日，海湾解冻，船队扬帆出海，6月20日，两艘船在茫茫的大雾中失散。白令指挥着"圣彼得"号继续向东北方向驶去，寻找美洲大陆。7月16日，他们终于看到了阿拉斯加高达5500米的圣厄莱阿斯山。"圣彼得"号向着远处积雪的山峰驶去，抵达海岸边，白令在地图上绘出了代表美洲的细齿线。

8月初，坏血病在探险队中迅速蔓延，白令也病倒了。9月，白令命令返航，可是天气突变，狂风肆虐，波浪滔天，加上饥寒和病魔，"圣彼得"号只能在大海中随风漂流。11月5日，船漂流到一个没有树木、长满藻类的岛上。船员建起了简易的住宅，艰难度日，1741年12月8日，白令不幸去世。

白令不仅完成了对西伯利亚和北极海域的科学考察，开辟了一条通往世界新大陆的新航线，还绘制了西伯利亚、北美沿岸的地图。为了纪念这位伟大的探险家，后人把位于西伯利亚和阿拉斯加之间的海峡称为白令海峡，并把这一带原先称作堪察加海的海域叫作白令海。白令去世的岛叫作白令岛。

西北航道

　　为了寻找从欧洲通向亚洲的航道，1903年6月17日，罗阿尔德·阿蒙森率领6名队员乘"约阿"号离开挪威，从事北磁极和西北航道的考察。9月20日，"约阿"号航至威廉王岛东南岸，他们在北磁极附近扎营。

　　1905年8月13日，阿蒙森从营地起航，开始了西北航道的考察。9月2日由于狂风袭击，"约阿"号被迫驶入波恩特金岛的海湾避风，阿蒙森在这里发现了浮冰，他知道穿越白令海已经来不及了，就在这里度过了在北极的第三个冬天。

　　1906年8月11日，在"约阿"号驶向白令海途中，遇上了龙卷风的袭击，主桅斜桁和部分帐篷被吹毁，桅杆被折断，船舵被吹掉。8月30日，"遍体鳞伤"的"约阿"号摇摇晃晃地进入了白令海峡。至此。阿蒙森终于完成了寻找西北航道的任务。当"约阿"号抵达旧金山港时，受到美国人民的隆重欢迎，"约阿"号也成了旧金山的骄傲，因为它是400多年来第一艘从大西洋驶入太平洋的船只。

北极冰川（夏立民 摄）

北极小百科

探寻西北航道的先驱

　　1845年5月26日，为了揭开北极的神秘面纱，打通西北航道，英国人约翰·富兰克林指挥着"黑暗"号和"恐怖"号共129名船员踏上了北极探险的征程。开始很顺利，向北航行时遇到坚冰无法前进，船便转向南行，但这时冬天将至，于是船员们在德文岛西南的一个小岛上度过了1845年的冬天。

　　第二年夏天，冰情依然严重。1846年9月12日，两艘船被冻在威廉王岛外20千米北纬70°的海面上，船员们又不得不在这里度过第二个冬天。由于食品变质和坏血病流行，死亡人数不断增加。1847年6月11日，富兰克林死于探险途中。这一年海上冰山漂

约翰·富兰克林

浮，船仍然被冰封冻着，他们只好在冰上度过了又一个

232

艰难的冬天。1848年春天一到，他们决定长途跋涉到大鱼河口求生。

1848年4月22日，剩下的105名探险队员放弃了大船，拖着装满物品的沉重小艇向南行进，由于饥寒交迫，疾病蔓延，处境越来越艰难，行进中不断有人倒下，尸体比比皆是，场景惨不忍睹。至此探险队无一人幸存。今天，人们称探险队遇难的地方为"死亡湾"。

富兰克林虽然未能打通西北航线，但他们的英雄行为和献身精神却使后人钦佩不已，被人们誉为探险事业的先驱者。

北极海流的发现

当挪威著名的极地探险家弗里乔夫·南森得知，人们从格陵兰东岸打捞出的一些船的残骸是5年前在西伯利亚东海岸外被冰撞毁的美国船"珍妮"号碎片，他便认为，既然在西伯利亚东岸遇难的船的碎片，若干年后可以漂流到格陵兰东岸，那么，北极冰下的海洋应该存在一股海流，从西伯利亚东岸穿过北极点，流向格陵兰岛东岸。为了证实这种想法，他计划把船冰封在浮冰里，让它随冰漂流。

1893年6月24日，南森率领12人乘他设计制造的"弗拉姆"号，乘载着包括南森在内的13名成员，从奥斯陆启航。9月21日，船被冰封在北纬78°50′，东经133°31′的海面上，从而开始了南森的漂流计划。

在漂流过程中，船员不断观测各种数据，南森发现漂流的方向与风向不一致，而是与风向成20°～40°的夹角，这表明海里有一个海流在起作用。1894年年末，船漂流到北纬83°24′的海区，便不再向北极漂流。

南森这次漂流计划虽然没有全部实现，但他们离开船往北进发，到达了北纬86°13′6″的地方，创造了新的北进纪录，成为19世纪中最接近北极点的人。"弗拉姆"号在1896年8月22日安然无恙地返回挪威，在三年多的漫长航行中，取得了相当丰富的观测资料，且无一人损失，这在航海史上也是罕见的。

南森探险北极的壮举展览

寻找北极点的先驱

　　1879年德朗率领的探险队，乘坐着"珍妮"号前往北冰洋寻找"维加"号，当听到"维加"号已平安驶向白令海时，德朗决定实现多年的梦想——完成北极点探险。

　　"珍妮"号进入北冰洋后很快被冰困住，无法前进，几个月后，船的周围全是浮冰，冰块时常相互碰

"珍妮"号船

撞，发出巨大的响声，冰海中的"珍妮"号随时有沉没的危险。

1881年6月12日，被冰围困了21个月的"珍妮"号终于被冰撞毁了。全体人员从船上撤离下来，分成3队，每队一只小艇和几架雪橇，将船上的食品、燃料、各种物资带到小艇上，吃力地拖着在冰上缓慢行进。到达浮冰的边缘后，分乘3条小艇向西伯利亚海岸划去时，又被一场大风吹散，一艘小艇在海中倾覆失踪，一条被吹上了岸，德朗乘坐的小艇经过漂泊后，终于到达了西伯利亚的勒拿河。这时每迈一步，他们都要忍受双脚冻伤的极大痛苦，但仍坚持着把连续记录的宝贵科学资料送上岸。德朗率领的23名船员全部冻死在途中，路途上，德朗始终在鼓励和安慰伙伴们，直到死神降临到他头上为止。

乘气球赴北极点的尝试

瑞典工程师萨洛蒙·安德烈和两名助手进行了一次乘气球飞赴北极点的尝试。1897年7月11日，他们乘"鹰"号气球从丹尼斯岛升空。第二天，系着重物控制气球高度的绳索断了，气球因失去一定重量越飞越高，到了高空因气温低，气球内的温度迅速降低，气球缩小开始下降，并

瑞典"鹰"号气球首次尝试飞跃北极点

238

且越降越低，安德烈打开气球阀门，气球缓缓地降落在一块浮冰上。这时，离出发地约400千米。于是，他们卸下吊篮里的物品装在雪橇上开始了冰上旅行。两个月后，他们抵达白岛，搭起帐篷越冬。

1930年，挪威科学考察队在白岛登陆，发现了半埋在雪下帐篷里的两具尸体、安德烈的日记和一些胶卷，离帐篷不远处还发现了一座坟墓。这些胶卷和安德烈的日记重现了安德烈探险的经历。

勘察白岛现场发现，安德烈的一名助手的尸体上堆着许多乱石，这表明这名助手死于安德烈和另一名助手之前。安德烈和另一名助手同时死在帐篷里，估计是一氧化碳中毒致死，因为当时天气很冷，他们的帐篷被封得很严密，取暖时产生的有毒气体排不出去，导致两人在熟睡中死亡。

到达北极点

　　"我终于到达了北极点！300多年来探险家竞争的光辉目标，我23年来的梦想终于实现了！"这是罗伯特·皮尔里到达北极点后日记中写到的。

　　皮尔里进军北极点曾两度失败，但他从不灰心，在极端困难的情况下，坚定地写道："不达目的誓不罢休！"

　　1908年6月6日，皮尔里乘"罗斯福"号开始了他最

自然原始的极地峡湾

后一次向冰冻北极点的搏击。他们在离北极点805千米的地方扎营。1909年3月1日，由24名探险队员和19架狗拉雪橇组成的突击队离开了营地向北极点进发。3月底他们到达了北纬87°46′，离北极点还有246千米。此时6名队员乘着由40条狗拉着的5架雪橇，在皮尔里的率领下，向北极点发起了冲刺。4月5日，他们到达北纬89°57′处，离北极点只有8千米。4月6日抵达北纬90°，登上了北极点。这是人类第一次在北极点留下了探险者的足迹，这个过去300多年人们追寻的目标，他们只用了30多天就变成了现实，并且知道了北极点没有陆地，而是结了坚冰的海洋。

"鳐鱼"号核潜艇北极点航行

1957—1959年，4艘鳐鱼级攻击核潜艇相继服役之后，多次到北极冰下海域进行远航活动。除了搜集到许多极有价值的军事资料和数据之外，更重要的是使核潜艇积累了在北极海域的水下作战经验，这也为美国海军后来的弹道导弹核潜艇在北极海域水下的隐蔽活动打下了基础。

1958年8月，美国核潜艇抵达距北极点640千米的海域，卡尔维特艇长决定在此进行一次上浮尝试，当核潜艇上浮到30米深时，发现一个大冰块向艇顶方向逼来，过了一会儿，潜艇又开始上浮，当升到13米时，发现冰与冰之间有一片蓝晶晶的海水，经过周密的测算，潜艇上浮还能有几米的余地，于是艇长发出"准备上浮"的命令，潜艇顺利上浮到水面，从而完成了潜艇在北冰洋的冰海中首次上浮的尝试。

"鳐鱼"号核潜艇

1958年8月12日，"鳐鱼"号从冰层下通过了北极点，在这次北极远航过程中，"鳐鱼"号曾经9次在北极海域的冰冠裂缝区上浮水面。"鳐鱼"号潜艇驶抵北极点冰层下，发现潜艇上面悬挂着巨大的冰块，2米厚的浮冰一个摞一个，"鳐鱼"号只好下潜等待时机。

8月18日，"鳐鱼"号又回到北极点冰下，仔细地测量了海水深度、水温和透明度后，逼近北极点进行最后一次尝试。潜艇很快上浮，但在快接近水面时发现海水表面被冻得结结实实，根本无法上浮只好下潜，离开北极点返航。

1959年3月17日，"鳐鱼"号核潜艇又返回北极点，终于上浮成功，这是人类历史上第一艘行至地球顶端的潜艇，其四面八方都朝向南方。

243

女性茜拉北极点飞行

　　1970年5月，茜拉驾机从伦敦飞往非洲，在那里开始了赤道—北极点—赤道的飞行计划。当她经过英格兰上空时，发现自动驾驶仪失灵，到达挪威博德机场也未修好，为了争取时间，第二天她冒雨起飞，很快到达北冰洋上空。她透过舷窗发现北冰洋海面镶嵌着水晶般的浮冰，景色秀丽。此时飞机的前轮突然伸出去而收不回，直接影响了飞行速度，燃料已不足以支撑飞机飞越北极点，而机下是布满浮冰的海洋，一旦燃料耗尽后果不堪设想。

　　茜拉马上联系在博德机场着陆，修理好前轮，第二天又起飞了，但浓密的云层向飞机袭来，机身结了一层冰，前轮又伸了出来。在种种困难面前，她镇静自如，一会儿拉提轮手柄，一会儿给除冰器加力，尽管机舱里很冷，她却满脸汗水。不一会儿，机身钻出了云层，向下望去，是一片白茫茫的海冰世界。茜拉发现罗盘的指针已不在正常位置，根据飞行时间断定已经到达北极点。她打开窗户，抛出英国国旗投到北极点。

茜拉结束了连续17个小时的飞行后，机场欢迎的人群纷纷向她祝贺。

南北极环球探险

　　从16世纪开始，英国人在寻找东北航线的探险中曾取得了不少功绩，但也发生过约翰·富兰克林率领129名队员寻找西北航线全军覆没的悲剧。

　　在极地考察进入现代科学的时代，英国兰努尔夫·菲内斯爵士率领探险队员乘"本杰明·鲍英"号探险船进行了人类有史以来第一次穿越南极和北极的环球探险。为了这次探险，菲内斯用了7年的时间来收集有关资料，制订详细计划，进行了各项准备工作。他们于1979年出发，终于在1981年1月11日结束了穿越南极大陆的探险。

　　6个月以后，也就是1979年7月，他们又开始了穿越北极的探险，并于1982年4月11日到达了北极点。

　　他们几乎用了3年的时间，行程56万多千米，终于完成了首次穿越南极和北极的环球探险。

　　谈到南北极考察，还必须记住的一人是罗阿尔德·阿蒙森。1900年他开始了北极探险，目标是挑战困扰航海家达300年之久的"西北航线"。历经6年的不懈努力，总结教训，阿蒙森终于在1906年8月31日，驾着小船一声长鸣，进入了阿拉斯加西海岸的诺姆港，开通了西北航线，宣告了这次历史性航行的最后胜利。

在北极探险经历和西北航线航行告捷的鼓励下，阿蒙森决心向南极点进发。1911年2月10日，他带领探险队在罗斯冰架的鲸湾设立基地开始越冬。1911年10月19日，阿蒙森带领4名伙伴乘4架雪橇，由52只狗牵引出发。随着物资的减少，队员们陆续把疲劳的狗当作食物，终于在12月14日到达南极点。

罗阿尔德·阿蒙森雕像

北极考察和女性

北极和南极一样号称是男性的世界，女性即使有，也寥若晨星。北极的自然环境恶劣，设备缺乏，女性在此长期生活有许多不便和困难。但随着社会的进步，女性参加北极考察的人数也在不断增加。

20世纪80年代初，苏联女工程师瓦列金娜·莎茨卡娅和5名伙伴在北极冰原滑雪1000多千米，经历了暴风雪和严寒的洗礼，最终到达迪克森岛。

1980年11月2日，由6名女性组成的北极探险队（4名工程师、1名医生和1名气象学家）从莫斯科出发，她们计划穿过科拉半岛、亚马尔半岛、北地群岛和弗兰格尔岛，最后到达为纪念献身北极探险的探险家奥斯卡·杰克森（Oscar Dickson）立有一块墓碑的迪克森岛。

她们虽然计划安排得很周密，但这一年冰原上的雪又松又软，滑雪板根本用不上，一路上把她们弄得筋疲力尽，但她们仍然克服了各种艰难险阻，吃尽了各种苦头，经过40天的艰辛努力，终于到达了迪克森岛。6位女性满怀崇敬之情，在杰克森的墓碑前瞻仰了很久。

1986年，安·班克罗夫特（Ann Bancroft）乘坐狗拉的雪橇在56天内到达了北极，成为第一位徒步和乘坐雪橇到达北极的女性。班克罗夫特还是第一个穿越两极冰盖到达北极和南极的女性，也是第一个滑雪穿越格陵兰岛的女性。1993年，她带领4名女子组成的探险

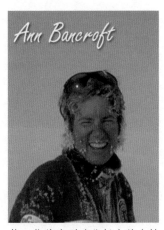

第一位徒步到达北极点的女性

队，滑雪前往南极，2001年，她和挪威人丽芙·阿尼森（Liv Arnesen）成为第一个滑过南极洲的女性。班克罗夫特惊人的成就使她进入了美国国家妇女名人堂。

南北极科学研究的异同

　　北极科学委员会与南极科学委员会在形式和内容上都非常相似，但北极和南极却有很多不同之处，研究的内容和重点也不相同。

　　首先，北极有居民，这是北极与南极最大的不同。目前在北极地区的居民已达700多万，真正的北极土著居民不到200万。因为北极有人，就需要消耗矿产和生物资源。随着北极地区矿产资源、能源和生物资源潜力的增长，周边地区不同国家和民族之间的矛盾也在同时增加。

　　其次，北极地区拥有大面积的永久性冻土带，这在世界其他地方是找不到的。这些永久性冻土层和冰盖一样，都储存着大量的地球古环境信息，通过冻土芯可了解古气候的变化过程和古环境的变迁情况，为预测未来全球气候变化趋势提供依据。

最后，北极地区具有陆地生物多样性，这是北极本身的环境因素造成的，北极地区比南极相应纬度的年平均气温高20℃，比南极更有利于不同种类生物的生存与发展。北冰洋周边的陆地可一直延伸到中低纬度地区，有利于陆地生物的迁徙与进化。与南极相比，北极陆地生命活动更加丰富多彩。

陆基观测站

　　陆基观测站是指建在北冰洋沿岸地区和亚北极地区的各种观测站。1957—1958年国际地球物理年期间，各环北极国家新建陆基观测站54个。大部分新建的陆基观测站的海拔高度都小于50米，离海岸的距离小于100米，纬度大约在14°左右。这些陆基观测站沿着北冰洋海岸及岛屿分布，观测和研究项目主要有北极的自然环境、气候学、地貌学、地质学、生物学和生态学等。

　　20世纪60年代以后，北极陆基观测站的数目不断增加，尤其是以单一学科为主的小型观测站，如气象观测站、生物观测站、冰川观测站等。1958年，仅冰岛就有75个气象观测站。各环北冰洋沿岸国家建立的北极生物观测站，构成了所谓的环北极生物站网。大部分观测站在作业季节都可提供给用户使用，供各专业研究人员作为作业基地使用。许多观测站都有培训专门人员的计划。

浮冰观测站

　　由于技术条件的限制，第一次国际极地年的研究区域仅限于北冰洋沿岸地区，而对北冰洋中央海盆的考察基本无能为力。1925年，美国海军中校理查德·E.伯德开始在格陵兰岛为海军开辟航道进行试飞，首次在浮冰上成功起降。第二年伯德又成功地驾驶飞机首次到达北极点。这一切启发了人们用飞机做运输工具在北冰洋的浮

北极浮冰观测站（夏立民　摄）

冰上建站的设想。

1928年，斯托克逊4人考察队在阿拉斯加以北300千米处的一块11千米×24千米的浮冰上坚持观测工作6个月，随浮冰漂流了705千米的路程。这次成功的尝试使人们坚信在浮冰上建站的可能。

1934年，苏联的运输船困在流动的浮冰中被挤坏，当时104名旅客和船员弃船在冰上宿营，后来乘救援飞机安全撤离。这是在北极第一次这样大规模的空运活动。这些成功的经验为大规模建立浮冰站创造了必要的条件。3年后，苏联正式建立了第一个浮冰漂流站——"北极一号"站。

苏联和美国先后建了60多个浮冰漂流站，有的漂流长达9年之久。大多数浮冰漂流站是多学科综合观测站，也有一些是以单学科为主的观测站，如地球物理、气象、生物、极光、物理海洋学等浮冰观测站。

无人浮标观测站

　　浮冰观测站是费用极其昂贵的载人观测站，无人浮标观测站可使用自动装置来获取北极难以到达地方的基本资料。

　　1975年，美国和苏联开始在北极的浮冰上建立自动浮标观测站，利用温度传感器、气压表、卫星导航设备以及有关水文气象要素传感器，收集有关气压、温度、

冰上无人浮标观测站

方位等资料。

第一次使用浮标自动装置对北冰洋进行观测是20世纪50年代苏联的自动无线电气象站。为了获取北冰洋海冰运动情况，自1953年起，苏联开始建立冰上无线电信标站。自动站获得的资料不仅用来进行冰情观测，还用来推算海流的流速和流向。与此同时，美国研制了卫星导航和资料传输技术，产生了新一代浮标。这种浮标可以容纳远距离传感器数据压缩和预处理装置。

在1975—1976年实施的北极冰动力学联合试验计划的主要试验中，美国布置了8个北极资料浮标，构成浮标网。全球大气研究计划首次试验期间，美国在北冰洋布设了间隔400千米的19个北极环境浮标。

2014年，中国第六次北极科学考察队布放了具有我国自主知识产权的拖曳式冰浮标及冰漂移浮标阵，由浮体、长度为150米的电缆和温盐深仪组成，海域水深为2000多米。浮标主要通过油囊的收缩和扩张来实现定期的上浮和下降，从而观测冰底到冰下约100米海洋的温盐剖面变化，获取长时序的观测资料和数据，用来研究上层海洋与海冰的相互作用，进而研究北极海冰的变化。随着科学的不断发展，浮标技术不断提高，越来越多的浮标观测站在各项科学研究中发挥着更大的作用。

浮冰观测站的建设

　　浮冰观测站的建设首先要解决选择浮冰和建立后勤基地两个关键问题。

　　北冰洋的浮冰有两种：从大陆和岛屿边缘冰架上断裂出来的冰川冰和由海冰形成的浮冰。大陆冰川冰的特点是比较厚，面积较大，大陆冰川冰在北冰洋比较少，但厚度3米以上可建浮冰观测站的浮冰块较多。建站时选择面积较大、表面平坦的多年老冰为宜。

　　后勤基地对于浮冰观测站的生存至关重要，能否建立后勤基地是建立浮冰观测站的先决条件。因为浮冰观测站漂流作业期间的物质补给必须从基地用飞机运去。后勤基地一般位于北冰洋沿岸地带，基地应有飞机跑道、仓库、住房等设施和交通工具。

　　建站物资和设备有：①考察船和运输船，可用于运输物资人员、仪器设备等，完成一定的考察任务。②飞机。主要任务是保证浮冰站上的物资供应和人员定期轮换，也执行一定的观测任务。③车辆。主要包括履带车、吉普车、雪地车、卡车、铲车、小船、橡皮艇等。④站区设备。主要包括帐篷、活动房、雪屋、粮库、车库、发电站、无线电台、气象站、医务室、食堂、邮局、图书室、机场等。⑤生活必需品。包括各种食物、淡水、燃料、服装、各种设备和用具。

中国的北极科学考察也十分重视无人浮冰观测站的建设和使用。在2008年，中国第三次北极科学考察就开始在北极地区建设通过卫星传输资料的自动气象观测站。2016年，中国第七次北极科学考察建设了6个短期冰站和1个长期冰站。2018年，中国第九次北极科学考察首次布放了自主研发的无人值守观测监测系统，实现对北极地区海洋、海冰、大气三个界面多个环境参数的连续观测和监测，获取了完整的海冰生长消融过程中气–海–冰相互作用的数据。

狗拉雪橇和雪上摩托车

在早期的南极考察中，使用狗拉雪橇进行调查是行之有效的，罗阿尔德·阿蒙森和斯科特的极点之行充分表明了在南极使用狗拉雪橇更合适。但随着南极内陆考察的迅速发展，雪上车和大型运输工具快速应用，狗拉雪橇几乎退出了南极考察的舞台。

但北冰洋的冰和南极大陆的冰不同，狗拉雪橇直到现在仍受到北极考察人员的青睐。

1895年3月14日，弗里乔夫·南森告别了船上的同伴，带上28条狗、3架雪橇和其他物品向北进发，于4月8日到达了86°13′6″的地方，创造了新的北进纪录，成为19世纪中最接近北极点的人；1909年2月，皮尔里一行24人、19架雪橇、133条狗从基地出发，踏上了远征北极点的征程，4月1日终于到达北极点；1879年，美国海军上尉德朗乘"珍妮"号在远征北极点的征途中弃船后也使

雪上摩托车

用了雪橇，但此时正值夏天，雪已开始松软融化，雪橇发挥不了作用，导致了一场悲剧。1978年，藏村植美独自乘坐由17只狗拉着的雪橇，完成了人类历史上第一次只身到达北极点的艰难旅程；1986年，由美国探险家威尔·斯泰格等8人组成的国际探险队分乘5架狗拉雪橇，历时54天，胜利到达北极点；我国第一次北极科学考察也是乘坐狗拉雪橇到达北极点的。这一切都显示了狗拉雪橇在北极地区作为运输手段的重要性。

雪上摩托车具有轻便、速度快等特点，最适合在北冰洋的浮冰上使用。1968年，美国的一个探险家第一次乘雪上摩托车从巴罗出发，顺利到达北极点。

过去和现在的北极考察都证明了狗拉雪橇和雪上摩托车是行之有效且必不可少的交通工具。

破冰船和飞机

　　要出入千里冰封的北冰洋，破冰船和飞机是最重要的交通手段。

　　19世纪的早期，进行北冰洋探险时多采用普通的船，但往往被海冰挤得船毁人亡。后来采用尖底船，当船受到冰的挤压时，船会挤到冰的上面，但失去交通工具的人员不得不步行返回。为此，许多国家开展北冰洋考察都使用了高等级的破冰船，有的还使用核动力破冰船。美国在北极使用了多艘破冰船，如T−3站所用的"冰川"号破冰船，排水量为8870吨，续航能力为46 000千米，破冰能力为3～6米。苏联"北极18号"浮冰观测站使用了"列宁格勒"破冰船，"北极22号"站使用了"海参崴"破冰船。此外，许多国家在北冰洋还使用了核潜艇。

　　破冰船的船体被设计成非常强的钢体。破冰船的船

261

体开到冰上并靠重量把冰弄破，为了使船体容易开到冰上，船体设计成圆弧形，船的前后有水舱，从一个水舱把水送到另一个水舱，船体前后摆动。

我国第一次至第九次北极科学考察使用的"雪龙"号是一艘A2级的现代化破冰船。而在第十一次北极科学考察中，使用的是由我国自主建造的第一艘"雪龙2"号破冰船，也是全球第一艘采用船首、船尾双向破冰技术的极地科考破冰船。

飞机也是北极科学考察时不可缺少的交通工具。对北冰洋上的浮冰观测站进行后勤支援时，飞机显得尤为重要。俄罗斯使用了多种飞机（包括直升机和轻型飞机）。美国使用的飞机主要有"C-124""C-130"和"Cessnal180s""Cessnal195s"型飞机。我国北极科学考察使用的是我国制造的"直九"直升机。

北极破冰船

皮划艇

北极的大多数动物每年至少要迁移两次，它们跟随着食物源过着迁徙生活。因纽特人冬季迁徙使用狗拉雪橇，夏季由于冰雪融化，交通工具是皮划艇。

皮划艇是先用木头做成框架，然后用几张海豹和海象皮覆盖其上，船体既轻又防水。皮划艇有两种，一种是敞篷的，船长9米，可同时载900千克的货物和8个人。4个人就能轻松地抬走，几支浆、几个划手和一个帆就能航行。阿拉斯加的因纽特人经常把狗当纤夫，让狗在海岸或河岸上拖着船跑。舵手会让船与岸保持一定的距离，这样，前方遇到岬角时，可把狗放在船上。另一种是带舱的船，这种船长6米，宽1米，船体狭窄，只能容纳一个人，它速度快，便于操纵。这种船主要用于打猎，用它追逐猎物速度快，操纵灵活。猎人如果在海上遇到暴风雨便将各自的船拴在一起，增加抗击狂风巨浪能力。

格陵兰冰盖冰芯钻探

格陵兰岛上的内陆冰盖中保存着上百万年以来积累的古老冰层。雪在堆集过程中，会把来自火山、海洋、沙漠、森林等的气溶胶粒也一起蓄存，而在雪成冰的过程中，当时大气的组成则以气泡的形式被保留了下来，因此冰盖就详细地记录了过去气候和环境的数据资料。通过分析不同年龄冰芯里的氧同位素、氢同位素、二氧化碳、大气飘尘、宇宙尘等，可确定当时全球平均气温、大气成分、大气同位素组成、降水量等气候环境要素。

为了钻取格陵兰冰盖冰芯，从20世纪60年代开始，美国和西欧国家的冰川学家就在格陵兰岛的内陆冰盖上钻取冰芯，取得了1388米深的冰芯。1991年夏季，美国和欧洲共同体八国分别在格陵兰冰盖的顶部开始了宏伟的冰芯钻探计划。1992年7月20日，欧洲共同体八国冰芯钻探率先顺利穿透冰盖，打到基岩表面，获取2980米深的冰芯。后来，美国也穿透了冰盖，同时还钻取了1.5米的基岩岩心。美国和欧洲共同体的格陵兰冰盖钻探计划所获得的宝贵数据，可以研究北极地区过去30万年来的气候变化情况。

自2007年以来，丹麦科学家便一直在格陵兰西北部的两个地区钻取冰芯，即北格陵兰冰上岩心钻探计划（NGRIP）和格陵兰北部埃姆冰芯钻取（NEEM）计划。格陵兰西北部拥有最适合寻找埃姆间冰期冰的环境。这里的岩床平坦，有利于冰层的形成；降水量较高，使得探测冰层更为容易；冰厚度超过2.4千米，说明底部的冰是在很久以前形成的。其目标是从冰芯中获取高分辨率重建末次间冰期以来的气候环境变化信息，将末次间冰期与现代气候变化比较，并预测全球气候变化。

采冰芯（徐全军 摄）

北极小百科

北极的自然环境保护

目前，在北极地区的居民已达700多万。随着冷战结束，北极开放程度增加，进入北极进行科学考察和旅游的人员也不断增加，并呈逐年上升的趋势。随着石油、煤炭和各种矿产的大量开采与冶炼，对北极环境也造成了不可避免的污染。因为矿产的开发必将导致公路的建设、井架的竖立和矿井的挖掘，以及大量

北极污染使鸟类死亡

固体废弃物的出现，加剧了北极地区的破坏和污染。在有些地方，人们不能不担心将来还能否生存。而石油开采和运输大量石油泄漏造成的污染更为可怕，1989年3月

24日，埃克森石油公司的"瓦尔德兹"号油轮在阿拉斯加湾北部的威廉王子湾触礁，约4000万升北极原油倾泻在海峡洁净的海面上，造成重大污染事故。这次事故发生后，石油公司束手无策，他们设备短缺，人力不足，眼睁睁地看着大量原油迅速蔓延，在狂风和海流的推动下，一直扩散到500千米以外的大片海域。

这次事故不仅使这片最干净、鱼产量最丰富的水域遭受了严重的污染和破坏，使这一带的居民，特别是渔民蒙受了巨大的损失，而且使大量的海洋动物，如海象、海豹、海狮和鲸类，以及40多万只本地鸟类和100万只候鸟几乎遭到了灭顶之灾。至于对广大地区生态环境的长期影响就更加难以估计，脆弱的北极动植物生态一旦遭受破坏，再想恢复谈何容易。

人类在北极活动的加剧，给北极的动植物和生态系带来了影响。为了保护北极地区的环境，国际北极科学委员会以"公约""议定措施""现行决议"等方式加以约束，1991年，8个北极地区国家正式签署了《北极环境保护战略》共同文件，并于1997年和2002年出版了《北极环境监测和评估》，对北极的生物资源、矿产资源、能源及环境实施了及时有效的保护。

中国的北极政策

　　2018年1月26日，中国国务院发表了《中国的北极政策》白皮书，明确中国的北极政策目标是认识北极、保护北极、利用北极和参与治理北极，维护各国和国际社会在北极的共同利益，推动北极的可持续发展。

　　白皮书定义中国是北极事务的重要利益攸关方，是地缘上的"近北极国家"，是陆上最接近北极圈的国家之一。因此，中国在北冰洋公海、国际海底区域等海域和特定区域享有《联合国海洋法公约》《斯匹次卑尔根群岛条约》等国际条约和一般国际法所规定的科研、航行、飞越、捕鱼、铺设海底电缆和管道、资源勘探与开发等自由或权利。中国是联合国安理会常任理事国，肩负着共同维护北极和平与安全的重要使命。

　　在经济全球化、区域一体化不断深入发展的背景下，北极问题已超出北极国家间问题和区域问题的范

《中国北极政策》白皮书

畴，涉及北极域外国家的利益和国际社会的整体利益，攸关人类生存与发展的共同命运，具有全球意义和国际影响。

北极的自然状况及其变化对中国的气候系统和生态环境有着直接的影响，进而关系到中国在农业、林业、渔业、海洋等领域的经济利益。因此，中国是北极事务的积极参与者、建设者和贡献者，努力为北极发展贡献中国智慧和中国力量。

中国从1925年加入《斯匹次卑尔根群岛条约》，正式开启参与北极事务的进程。1996年，中国成为国际北极科学委员会成员国。1999年启动"中国首次北极科学考察"，连续以"雪龙"号科考船为平台，进行了20多年的北极变化跟踪、观测和提出新认知。2004年，中国又在斯瓦尔巴群岛的新奥尔松地区建成"中国北极黄河站"。2013年，中国成为北极理事会正式观察员。

中国的北极活动已由单纯的科学研究拓展至北极事务的诸多方面，涉及全球治理、区域合作、多边和双边机制等多个层面，涵盖科学研究、生态环境、气候变化、经济开发和人文交流等多个领域。中国发起共建"丝绸之路经济带"和"21世纪海上丝绸之路"（"一带一路"）重要合作倡议，与各方共建"冰上丝绸之路"，为促进北极地区互联互通和经济社会可持续发展带来合作机遇。

通过认识北极、保护北极、利用北极和参与治理北极，中国致力于同各国一道，在北极领域推动构建人类命运共同体。中国在追求本国利益时，将顾及他国利益和国际社会整体利益，兼顾北极保护与发展，平衡北极当前利益与长远利益，以推动北极的可持续发展。

为了实现上述政策目标，中国本着"尊重、合作、共赢、可持续"的基本原则参与北极事务。

合作是中国参与北极事务的有效途径。合作就是要在北极建立多层次、全方位、宽领域的合作关系。通过全球、区域、多边和双边等多层次的合作形式，推动北极域内外国家、政府间国际组织、非国家实体等众多利益攸关方共同参与，在气候变化、科研、环保、航道、资源、人文等领域进行全方位的合作。

共赢是中国参与北极事务的价值追求。共赢就是要在北极事务各利益攸关方之间追求互利互惠，以及在各活动领域之间追求和谐共进。不仅要实现各参与方之间的共赢，确保北极国家、域外国家和非国家实体的普惠，并顾及北极居民和土著人群体的利益，而且要实现北极各领域活动的协调发展，确保北极的自然保护和社会发展相统一。

可持续是中国参与北极事务的根本目标。可持续就是要在北极推动环境保护、资源开发利用和人类活动的可持续性，致力于北极的永续发展。实现北极人与自然的和谐共存，实现生态环境保护与经济社会发展的有机协调，实现开发利用与管理保护的平衡兼顾，实现当代人利益与后代人利益的代际公平。

中国首次北极科学考察

20世纪末，经过了十几年的南极考察，不断加深对极地系统的认识，中国已形成了一支素质较高的科研队伍和可以与国际接轨的极地考察的硬件和软件，包括可以保证在极地进行科学工作的支撑系统，拥有可在极区海域航行的极地科学调查和后勤补给的"雪龙"号破冰船。

进入20世纪90年代，我国进行组织具有国家行为的一定规模的北极科学考察计划的前期准备工作，先后派出科学家和科技管理人员赴北极国家进修学习和科研合作。1996年，我国加入国际北极科学委员会，这一切为我国进行实质性的北极科学考察提供了有利条件。

经国务院批准，中国首次北极科学考察队于1999年7月1日乘"雪龙"号极地考察破冰船驶向北极，对北极进行了综合性考察。这次考察的内容是：①北极在全球变化中的作用和对我国气候的影响；②北冰洋和北太平洋水团交换对北太平洋环流的变异影响；③北冰洋邻近海域生态系统与生物资源对我国渔业的发展影响。

这次考察的目的是通过调查研究海–冰–气能量和物质交换，正确理解北极地区在全球气候和环境变化中的作用以及提高我国天气、气候和自然灾害预报水平。通过对白令海、楚科奇海及海盆的水体交换，提出北冰洋和北太平洋的水体交换和物质输运模式；探讨北冰洋与西大西洋和我国近海环境的相互作用，为我国海洋经济的可持续发展提供科学依据。在北冰洋及周边公海海域进行综合调查，对在该海域从事渔业生产的我国远洋渔船作业产生直接的指导意义。

这次考察获得了大量的观测数据和资料，为今后的研究提供了可靠的依据。

国旗招展北极点

中国北极科学考察队

　　中国北极科学考察队是我国赴北极地区从事科学活动队员的正式称呼。

　　考察队员除了各大学外，有自然资源部、中国科学院、中国气象局等单位参加，共同开展高层大气科学、气象学、生物学、海洋科学、地质和地球物理以及测绘等调查。

　　考察队员由国家极地考察工作主管部门负责选拔、培训和管理。中国北极科学考察队不仅在"中国北极黄河站"进行考察，也派遣队员参加其他国家的北极考察。

　　为了能在严酷的北极自然环境中生存，考察队员必须经过严格挑选，具有良好心理素质和高超的专业技术。科学考察站的主要任务是开展科学考察，必须选派具有很强现场观测能力的科技人员。

　　北极科学考察站与南极科学考察站不同，站上的建筑是由我国根据科学考察要求设计，由挪威建筑人员建造。站上的发电、通信、食粮、邮电、机械等都由当地挪威人统一管理实施。

　　我国分别于2003年、2008年、2010年、2012年和2015年开展了第二至第六次北极科学考察，从2016年开始，每年都进行北极科学考察，至2020年，我国已连续开展了11次北极科学考察。

中国北极科学考察队

"中国北极黄河站"

　　"中国北极黄河站"（以下简称"黄河站"）位于斯瓦尔巴群岛的新奥尔松地区，地理坐标为北纬78°55′，东经11°56′，距北京的直线距离约5980千米。站区面积约500平方米，设有一栋两层楼房，楼内设有科学实验室、办公室、阅览休息室、宿舍和储藏室，可供25人同时工作和居住。楼顶建有观测平台，于2005年

"黄河站"

"黄河站"

7月28号建成并投入使用。

　　"黄河站"处在北冰洋高纬度的地方，除了各国科考人员和后勤保障人员外，没有其他常住居民，自然环境很少受到人类活动的干扰，被人们称为"北极地区天然的科学实验室"。目前，世界上已经有7个国家在此建站，各国考察站之间可以很方便地实现国际合作和信息共享。

　　"黄河站"投入运行后，中国科学家将重点开展对北极地区的海洋、大气、地质、空间物理、地球物理、生物和生态的长期观测和研究，同时进行矿产和生物资源调查。每年，中国科学家都会来到这里，与其他国家科学家一起为人类了解北极系统及其在地球系统中的地位做出贡献。

"雪龙"号破冰船

"雪龙"号破冰船是我国第三代极地科考、运输两用船。"雪龙"号长167米，宽22.6米，满载排水量21 025吨，吃水9米，功率13 200千瓦。该船设计为A2级破冰船，最大航速18节，冰区通过能力为1.2米当年冰、20厘米雪、航速0.5节，续航能力18 000海里。船体结构和上层建筑设计环境温度-50℃，每小时4000千克蒸发量的锅炉可保证全船用汽。该船具备先进的导航、定位、自动驾驶系统和能够容纳两架大型直升机平台、机库及配套系统。国家先后投入大量资金，将该船改造成为科考和运输两用船。

"雪龙"号经过二期改装，增加了新的考察队员生活区，新增床位51个。改装配备了大洋考察试验室200平方米，引进、安装温盐深仪和多普勒剖面流速仪等国际先进的大洋调查仪器设备，使"雪龙"号具备了南极科学考察的能力。

　　该船自1994年以来，一直承担我国南极科学考察和后勤保障任务，1999年之后承担了中国首次至第九次的北极科学考察任务。

"雪龙"号航行在北冰洋

"雪龙2"号破冰船

　　"雪龙2"号极地科考破冰船是中国第一艘自主建造的极地科学考察破冰船，于2019年7月交付使用。"雪龙2"号是全球第一艘采用船首、船尾双向破冰技术的极地科考破冰船，能够在1.5米厚冰环境中连续破冰航行，可实现极区原地360°自由转动，并突破极区20米当年冰冰脊，填补了我国在极地科考重大装备领域的空白。

　　该船长122.5米，型宽22.32米，吃水7.85米，排水量13 996吨，航速12~15节。船上可搭载科考人员和船员共90人，能全球无限航区航行，续航力为2万海里，自持力在额定人员编制情况下可达60天。

　　该船还是一艘智能化船舶，能实现船舶和科考的智能化运行和辅助决策，并搭载一架莱奥纳多AW169型直升机，具备出色的应急和保障支撑能力。船上装备有国际先进的海洋调查和观测设备，能在极地冰区海洋开展物理海洋、海洋化学、生物多样性调查等科学考察。

2019年10月24日，"雪龙2"号首次穿越赤道进入南半球。2019年11月5日21时15分，首次抵达澳大利亚的"雪龙2"号接受塔斯马尼亚州州长威尔·霍奇曼赠送礼物。

"雪龙2"号是中国继"向阳红10"号、"极地"号和"雪龙"号之后的第4艘极地科考船，也是"雪龙"号破冰船的姊妹船，2019年11月至2020年4月参与执行了"双龙探极"计划。2020年独立执行中国第十一次北极科学考察任务。

"雪龙2"号执行中国第十一次北极科学考察任务

北极观光

　　北极独特的自然景观和珍稀的动物吸引着成千上万的游客前来观光。游客可以在北极国家野生生物保护区的原始水潭边进行垂钓；可以尝饮清澈的溪流中的溪水；可以乘坐飞机在冰川上降落；可以站在北冰洋厚厚的冰上聆听世界之巅的冰块爆裂和塌陷的声音。有的游客选择攀爬

北极旅游船

前人没有登过的雪山，或远行至别人没有到过的荒野。也有的人到那里捕大马哈鱼和北极红点鲑。但北极观光和北极探险一样，也充满着变数和危险，例如，1912年"泰坦尼克"号的"冰海沉船"事件；1932年苏联"切柳斯金"号被困在浮冰中，104名旅客和船员不得不弃船在冰上宿营。

现在北极旅游相对安全得多。常规项目有乘飞机或核动力破冰船到北极点观光，如乘坐俄罗斯"联盟"号或"雅玛尔"号核动力破冰船到北极点的10日游。从俄罗斯著名的不冻港摩尔曼斯克出发，跨越巴伦支海，停靠法兰士约瑟夫地群岛，乘直升机上岸考察历史遗迹，到达北极90°，在冰上烧烤、饮酒，勇敢者还可以在北极点的北冰洋里"游泳"。当然，最让游客兴奋的是可以"邂逅"北极熊、与巨大冰山亲密接触。

位于斯瓦尔巴群岛的新奥尔松地区北纬78°55′，东经11°56′的"中国北极黄河站"，也是全世界华人北极旅游的打卡地，尤其是与科学考察站大楼门前的2只威武狮子照相，参观科学考察实验室和设施以及与中国科学家座谈，这些都会让华人为中华民族的振兴感到无比自豪！

参考资料

北极问题研究编写组.北极问题研究[M].北京：海洋出版社，2011.

陈立奇.中国南北极考察[M].北京：海洋出版社，2000.

陈立奇，等.北极海洋环境与海气相互作用研究[M].北京：

　　海洋出版社，2002.

陈立奇，刘书燕.南极小百科：2版[M].北京：海洋出版社，2019.

陈立奇，赵进平，等.极区的气候变化[M]//《第一次海洋与气候

　　变化科学评估报告》编制委员会.第一次海洋与气候变化科学

　　评估报告（一）：海洋与气候变化的历史和未来趋势.北京：海

　　洋出版社，2020.

约翰·F.霍菲克尔.北极史前史[M].崔艳嫣，周玉芳，曲枫，译.

　　北京：社会科学文献出版社，2020

位梦华，刘小汉，等.神奇的北极[M].河南：海燕出版社，1995.

AMAP. A State of the Arctic Environment Report, Arctic Pollution

　　Issue[M].Norway:AMAP, 2002.